21世纪高等学校计算机规划教材

C语言
程序设计教程

C Programming Language

陈家俊 符茂胜 主编

马艳 杨洋 卢清平 副主编

人 民 邮 电 出 版 社

北 京

图书在版编目（CIP）数据

C语言程序设计教程 / 陈家俊，符茂胜主编. -- 北京 : 人民邮电出版社，2017.8（2019.12重印）
21世纪高等学校计算机规划教材
ISBN 978-7-115-45696-0

Ⅰ. ①C… Ⅱ. ①陈… ②符… Ⅲ. ①C语言－程序设计－高等学校－教材 Ⅳ. ①TP312.8

中国版本图书馆CIP数据核字(2017)第186982号

内容提要

本书以程序设计为主线，通过重点讲解程序设计的思路和分析综合实例培养学生编程思维和综合应用能力。本书全面介绍了C语言的基本概念、数据类型、语句及结构特点，系统地讲述了C语言程序设计的基本方法和技巧。全书共10章，其中第1章～第7章主要介绍C语言基础知识、数据类型与基本运算、逻辑控制结构、函数与数组等；第8章～第10章主要介绍C语言中的难点内容，包括指针、结构体与共用体、文件操作。本书以层次化的知识结构组织教材，每章最后都设置了综合与提高内容，并且在难度较大的章节和提高章节都加以标注，供不同层次学生选修。为配合本书的学习，作者还编写了与本书配套的《C语言程序设计实验指导教程》，供读者学习时参考使用。

本书可作为高等院校计算机专业及非计算机专业C语言程序设计课程的教材，也可作为工程技术人员和计算机爱好者的参考书。

◆ 主　　编　陈家俊　符茂胜
副 主 编　马　艳　杨　洋　卢清平
责任编辑　吴　婷
责任印制　陈　犇

◆ 人民邮电出版社出版发行　　北京市丰台区成寿寺路11号
邮编　100164　　电子邮件　315@ptpress.com.cn
网址　http://www.ptpress.com.cn
中国铁道出版社印刷厂印刷

◆ 开本：787×1092　1/16
印张：14.75　　　　2017年8月第1版
字数：383千字　　　　2019年12月北京第6次印刷

定价：42.00元

读者服务热线：(010)81055256　印装质量热线：(010)81055316
反盗版热线：(010)81055315
广告经营许可证：京东工商广登字20170147号

前言

随着信息技术的发展以及社会对大学生计算机综合应用能力与创新能力的要求不断提高，当代大学生不但要会使用计算机获取专业领域知识，还要会使用计算机进行编程，解决专业领域中的具体问题。C 语言是当前流行的操作系统 Windows、Linux、UNIX 的一门系统开发语言，同时又是进行各专业问题计算的有效语言，因此，C 语言已成为各高校计算机专业和非计算机专业学生必学的一门语言。通过本课程的学习，学生可以了解程序设计语言的基本知识，掌握程序设计的基本方法和思路、程序设计技巧及程序调试的基本技能，达到独立编写 C 语言基本应用程序的能力，同时为日后大型应用软件和系统软件的开发打下良好的基础。

考虑到各类高校大学生的计算机基础知识层次不同，以及高校各专业对 C 语言课程人才培养要求的不同，本书以程序设计为主线，以人才层次化培养为导向，以层次化的知识结构组织内容，全面介绍了 C 语言的基本概念、数据类型、语句及结构特点，系统地讲述了 C 语言程序设计的基本方法和技巧。本书每章最后都设置了综合与提高内容，并且在难度较大的章节和提高章节都加以标注，供不同层次学生选修。

本书强调易读、易学和易教。实例选择由简到难，在较难的实例中都添加了解题思路和注释说明，帮助学生理解。全书使用通俗易懂的语言，图文并茂，将抽象的语法知识简单化、形象化。本书全部代码都在 Visual C++6.0 下编写调试，并配有电子教案供教师使用。

本书全面介绍了 C 语言的概念、特性和结构化程序设计方法。全书共 10 章，第 1 章介绍了 C 语言的基本知识；第 2 章介绍了 C 语言的基本数据类型、常量和变量以及表达式；第 3 章～第 5 章分别介绍了 C 语言 3 种基本结构（顺序结构、选择结构和循环结构）；第 6 章介绍了函数的定义及其使用；第 7 章讲解了数组及其应用；第 8 章～第 10 章分别介绍了指针、结构体与共用体、文件的使用等。

本书是作者根据多年从事计算机专业及非计算机专业 C 语言课程的教学实践，在多次进行教学改革的基础上编写而成的。内容充实，选材具有针对性。为配合读者学习本书，编者编写了一本《C 语言程序设计实验指导教程》，该教程包含了基础实验和提高实验，并配有理论教程课后习题答案，供读者复习和检查学习效果时使用。

本书编写分工如下。第 1 章、第 6 章和第 7 章由马艳编写；第 2 章～第 5 章由杨洋编写；第 8 章～第 10 章由卢清平编写；此外，皖西学院电子与信息工程学院的部分老师也参与了本书的一部分编写工作，全书由陈家俊和符茂胜策划、指导和统稿。符茂胜教授对本书进行了审阅，在此表示感谢。

由于作者水平有限，加上时间仓促，书中疏漏之处在所难免，恳请广大读者批评指正。

编　者

2017 年 6 月

目 录

第 1 章 C 语言程序设计概述……1

1.1 程序设计语言的发展过程……1
- 1.1.1 机器语言……1
- 1.1.2 汇编语言……1
- 1.1.3 高级语言（面向过程）……2
- 1.1.4* 面向对象的程序设计语言……2

1.2 认识 C 语言……2
- 1.2.1 C 语言的发展过程……2
- 1.2.2 C 语言的特点……3
- 1.2.3 C 程序的基本结构……3
- 1.2.4 C 程序的书写格式……4

1.3 算法及其描述……5
- 1.3.1 算法与程序……5
- 1.3.2 算法的概念……6
- 1.3.3 算法的特点……6
- 1.3.4* 算法的描述方法……7

1.4 Visual C++ 6.0 集成开发环境……9
- 1.4.1 C 程序可执行文件的生成过程……9
- 1.4.2 Visual C++ 6.0 上机操作过程……10

习题……11

第 2 章 基本数据类型与运算符……13

2.1 基本数据类型和取值范围……13
- 2.1.1 基本数据类型和取值范围……13
- 2.1.2 整型常量……14
- 2.1.3 实型常量……15
- 2.1.4 字符常量……15
- 2.1.5 字符串常量……16

2.2 运算符与表达式……16
- 2.2.1 优先级与结合规则……16
- 2.2.2 赋值运算与连续赋值……17
- 2.2.3 算术运算……18
- 2.2.4 关系运算……20
- 2.2.5 逻辑运算和逻辑优化……20
- 2.2.6 位运算……21
- 2.2.7 条件运算……22
- 2.2.8 复合赋值运算……22
- 2.2.9* 逗号运算……23
- 2.2.10 其他运算 sizeof……23
- 2.2.11* 类型转换与类型转换规则……23

2.3* 综合与提高……26
- 2.3.1 本章重要概念……26
- 2.3.2 常见错误……26
- 2.3.3 提高实践……27

习题……27

第 3 章 顺序结构程序设计……30

3.1 C 语言的基本语句……30
- 3.1.1 简单语句……30
- 3.1.2 复合语句……31

3.2 数据的输入与输出……31
- 3.2.1 putchar( )函数（单个字符的输出）……31
- 3.2.2 getchar( )函数（单个字符的输入）……31
- 3.2.3 printf( )函数……32
- 3.2.4 scanf( )函数……34

3.3* 综合与提高……35
- 3.3.1 本章重要概念……35
- 3.3.2 常见错误……35
- 3.3.3 提高实践……36

习题……37

第 4 章 选择结构程序设计……39

4.1 二分支选择结构……39
- 4.1.1 二分支结构选择语句……39
- 4.1.2 不平衡 if 结构……41

4.1.3 if 语句的嵌套 ……43
4.2 多分支结构 ……46
4.2.1 switch 语句的一般形式 ……46
4.2.2 switch 语句的执行过程 ……46
4.2.3 使用 switch 语句注意事项 ……46
4.3* 综合与提高 ……47
4.3.1 本章重要概念 ……47
4.3.2 常见错误 ……48
4.3.3 提高实践 ……48
习题 ……51

第 5 章 循环结构程序设计 ……53

5.1 循环结构 ……53
5.1.1 for 语句 ……53
5.1.2 while 语句 ……56
5.1.3 do～while 语句 ……58
5.1.4 循环嵌套 ……59
5.2 break、continue 及 goto 语句 ……60
5.2.1 break 语句 ……60
5.2.2 continue 语句 ……61
5.2.3* goto 语句 ……62
5.3* 综合与提高 ……62
5.3.1 本章重要概念 ……62
5.3.2 常见错误 ……63
5.3.3 提高实践 ……63
习题 ……64

第 6 章 函数与编译预处理 ……67

6.1 函数的定义与调用 ……67
6.1.1 标准库函数 ……68
6.1.2 函数定义的一般形式 ……68
6.1.3 函数定义的几点说明 ……69
6.1.4 函数的调用 ……70
6.2 函数的递归调用 ……73
6.2.1 递归概念 ……73
6.2.2 递归函数举例 ……74
6.3 变量的存储类型和作用域 ……76
6.3.1 变量存储类型 ……76
6.3.2 变量的作用域 ……77
6.4 编译预处理 ……81
6.4.1 文件包含命令 ……81
6.4.2 宏定义 ……82
6.4.3* 条件编译 ……84
6.5* 综合与提高 ……86
6.5.1 函数使用中的常见错误 ……86
6.5.2* 综合举例 ……87
习题 ……88

第 7 章 数组 ……92

7.1 一维数组 ……92
7.1.1 一维数组的定义与初始化 ……92
7.1.2 一维数组的使用 ……94
7.1.3 字符数组与字符串 ……96
7.1.4 字符串操作 ……96
7.2 二维数组 ……99
7.2.1 二维数组的定义 ……100
7.2.2 二维数组的引用 ……100
7.3* 多维数组 ……101
7.4 函数与数组 ……102
7.4.1 数组元素作为函数的实参 ……102
7.4.2 数组名作为参数 ……103
7.5 数组应用举例 ……105
7.5.1 排序问题 ……105
7.5.2* 折半查找问题 ……106
7.5.3 矩阵问题 ……108
7.6* 综合与提高 ……108
7.6.1 数组使用中的常见错误 ……109
7.6.2 综合举例 ……109
习题 ……111

第 8 章 指针 ……116

8.1 地址与指针 ……116
8.1.1 地址的概念与取地址运算 ……116
8.1.2 指针与变量 ……117
8.2 指针变量的定义与使用 ……117
8.2.1 指针变量的定义 ……117
8.2.2 指针变量的使用 ……118
8.2.3 指针的运算 ……119
8.2.4* 指向指针的指针 ……120
8.3 指针与数组 ……121

8.3.1 指向一维数组元素的指针……121
8.3.2 指向二维数组元素的指针……125
8.3.3 指向数组首元素的指针变量的运算……126
8.3.4* 指向数组的指针……128
8.3.5* 指针数组……132
8.4 指针与字符串……136
8.4.1 使指针变量指向“字符串”的方法……136
8.4.2 指向字符串常量的指针变量的使用……137
8.4.3 使用字符指针变量与字符数组的区别……137
8.5 指针与函数……139
8.5.1 指针作函数参数……139
8.5.2 返回指针的函数……142
8.5.3* 函数指针……144
8.6* 综合与提高……146
8.6.1 本章重要概念……147
8.6.2 指针使用中的常见错误……147
8.6.3 提高实践……148
习题……150
第9章 结构体……154
9.1 结构体类型……154
9.1.1 结构体类型……154
9.1.2 结构体类型定义……154
9.1.3 结构体变量引用规则……157
9.1.4 结构体变量的初始化……157
9.2 结构体数组……159
9.2.1 结构体数组的定义……159
9.2.2 结构体数组的初始化……159
9.3 结构体指针……160
9.3.1 指向结构体变量的指针……160
9.3.2 指向结构体数组的指针……162
9.3.3 用指向结构体的指针作函数参数……162
9.3.4* 嵌套结构体……163
9.4* 链表……164
9.4.1 链表概述……164
9.4.2 建立与输出链表……165
9.4.3 链表的删除与插入操作……167
9.5 共用体……171
9.5.1 共用体类型……171
9.5.2 共用体变量的使用……172
9.6 枚举类型……173
9.7* 综合与提高……174
9.7.1 位运算符与位运算……174
9.7.2 定义类型……176
习题……177
第10章 文件……183
10.1 文件概述与文件类型指针……183
10.1.1 文件概述……183
10.1.2 文件指针……184
10.2 文件的打开与关闭……184
10.2.1 文件的打开……184
10.2.2 文件的关闭……186
10.3 文件的读写……186
10.3.1 字符读写函数 fgetc( )和 fputc( )……187
10.3.2 字符串读写函数 fgets( )和 fputs( )……188
10.3.3 格式化读写函数 fscanf( )和 fprintf( )……189
10.3.4* 数据块读写函数 fread( )和 fwrite( )……190
10.4* 文件的随机读写……191
10.5* 文件检测……192
10.5.1 文件结束检测函数 feof( )……193
10.5.2 读写文件出错检测函数 ferror( )……193
10.5.3 文件出错标志和文件结束标志置 0 函数 clearerr( )……193
10.5.4 检测文件内部的位置指针的当前位置函数 ftell( )……193
10.6* 综合实例……193
10.6.1 需求分析……193
10.6.2 系统设计……194
10.6.3 功能设计……194

10.6.4 小结 ······ 200
10.6.5 成绩管理系统的完整代码 ······ 200
习题 ······ 213

附录 1 常用字符与 ASCII 值对照表 ······ 216

附录 2 C 语言保留字一览表 ······ 217

附录 3 运算符的优先级及其结合性 ······ 218

附录 4 常用 C 库函数 ······ 220

参考文献 ······ 227

第 1 章 C 语言程序设计概述

在众多的程序设计语言中，C 语言作为一种被各大高校理工科学生广泛学习的高级程序设计语言，肯定具有其独到之处，它的方便性、灵活性和通用性让其能够成为广大编程人员的入门基础语言。它有可以直接操作计算机硬件的功能，适合各种类型的软件开发。

本章主要从程序设计的角度，介绍有关程序设计的基本概念，结合 C 语言的发展，描述 C 语言程序的基本结构以及 C 语言程序的开发环境等内容。

1.1 程序设计语言的发展过程

所谓程序，就是用计算机语言描述的某一问题的解决步骤，是符合一定语法规则的符号序列。人类借助计算机能够处理的语言，告诉计算机要处理哪些数据及如何处理这些数据。通过程序在计算机上的运行，人类向计算机发出一系列的指令，使得计算机帮助人类解决一些特定的问题。

计算机程序语言是人与计算机进行交互的工具，是用户进行计算机软件开发、编写计算机程序的工具。计算机语言的发展过程大致可以分为如下 4 个阶段。

1.1.1 机器语言

计算机能识别的指令代码只能是采用 0、1 表示的二进制形式，采用这种二进制形式表示的语言称为机器语言，或称为低级语言。如 PC 中两个数进行加法的指令为：0000010　11111001。由于机器语言采用二进制序列表示指令，十分难记；另外，采用机器语言编写的计算机程序具有不可移植性，即对某一种体系结构的计算机编写的计算机程序，在另一种体系结构的计算机上不能运行。

1.1.2 汇编语言

为解决机器语言难学难记的这一问题，计算机科学家将机器语言的每一条指令采用助记符表示，即机器语言的符号法，称为汇编语言。

如上面 PC 的加法指令用符号表示为：ADD　AH，BL

采用汇编语言编写的计算机程序必须经过翻译过程，变为机器语言后，计算机才能识别、运行，这种翻译程序称为汇编程序，对应的过程称为汇编过程。用汇编语言编写的计算机程序仍与体系结构有关，具有不可移植性。但采用机器语言和汇编语言编写的计算机程序具有运算效率高的特点。

1.1.3 高级语言（面向过程）

高级语言是一种更接近于自然语言的数学形式语言，如两个数的加法可写为 $z=x+y$。采用高级语言编写的计算机程序与机器类型无关，具有可移植、易学易记等特点，采用高级语言编写的程序称为源程序。但高级语言编写的计算机程序，计算机不能直接识别，必须经过翻译过程将其译为机器语言后，计算机才能识别运算。其翻译过程分为两种：一种是解释，就是边翻译，边运行，翻译一句，执行一句，对应的语言称为解释语言，每次执行程序时，都必须经过相同的翻译过程，如早期的 BASIC 语言；另一种是编译，就是将整个源程序全部翻译成机器语言指令后，计算机才能运行，这样的翻译过程称为编译过程，对应的翻译程序称为编译程序。源程序经编译后生成的机器语言程序称为目标程序，计算机不能直接运行目标程序，还必须经过连接过程，才能变为可执行文件，对应连接过程的程序称为连接程序。

1.1.4* 面向对象的程序设计语言

随着程序规模的不断扩大，在 20 世纪 60 年代末期出现了软件危机，在当时的程序设计模型中都无法克服错误随着代码的扩大而级数般扩大的问题，以至到了无法控制的地步，这个时候就出现了一种新的思考程序设计方式和程序设计模型——面向对象程序设计，由此也诞生了一批支持此技术的程序设计语言，面向对象的程序设计语言在 20 世纪 90 年代开始流行。现在，面向对象的程序设计语言已成为程序设计的主流语言之一。由 C 语言发展出来的 C++就是一种非常优秀的面向对象的程序设计语言。Java 是比较纯的面向对象的语言，它的绝大多数程序实体都是对象，利用对象的封装性可以大大降低网络上程序交换的复杂性。最后，Java 是一种更安全的语言，它消除了 C 和 C++中众多的不安全因素（Java 为了追求语言简单性和安全性，把 C 程序员推崇备至的指针也取消了），提供了诸多安全保障机制，例如异常处理、代码检查等，比其他语言更适合网络应用软件的开发。

在面向对象编程中，程序被看成是相互协作的对象集合，每个对象都是某个类的实例，所有的类构成一个通过继承关系相联系的层次结构。面向对象的程序设计语言具有对象生成功能、消息传递机制以及类和继承机制。

对象是对客观事物的抽象，面向对象的编程，就是针对客观的事物设计程序。因此，面向对象的编程是非常直观的。面向对象的程序设计方法比面向过程的程序设计方法更清晰，更适合于开发大型复杂的软件。

1.2 认识 C 语言

为了更好地学习这门语言，让我们先来了解一下它的发展状况。

1.2.1 C 语言的发展过程

C 语言最早的原型是 ALGOL 60，1963 年，剑桥大学将其发展成为 CPL（Combined Programing Language）。1967 年，剑桥大学的 Matin Richards 对 CPL 语言进行了简化，产生了 BCPL 语言。1970 年，美国贝尔实验室（Bell Labs）的 Ken Thompson 将 BCPL 进行了修改，并取名叫做 B 语言，意思是提取 CPL 的精华（Boiling CPL down to its basic good features）。并用 B 语言写了第一

个 UNIX 系统。1973 年，AT&T 贝尔实验室的 Dennis Ritchie（D.M.RITCHIE）在 BCPL 和 B 语言的基础上设计出了一种新的语言，取 BCPL 中的第二个字母为名，这就是大名鼎鼎的 C 语言。随后不久，UNIX 的内核（Kernel）和应用程序全部用 C 语言改写，从此，C 语言成为 UNIX 环境下使用最广泛的主流编程语言。1978 年，Dennis Ritchie 和 Brian Kernighan 合作推出了《The C Programming Language》的第一版（按照惯例，经典著作一定有简称，该著作简称为 K&R），书末的参考指南（Reference Manual）一节给出了当时 C 语言的完整定义，成为那时 C 语言事实上的标准，人们称之为 K&R C。从这一年以后，C 语言被移植到了各种机型上，并受到了广泛的支持，使 C 语言在当时的软件开发中几乎一统天下。1989 年正式修订后成为大家公认的标准，称为 89ANSI C。该标准中规定了 C 语言的关键字为 28 个，1999 年在原 89ANSI C 基础上增加了新的面向对象特性，并增加了 4 个关键字，该标准即为现在的 99ANSI C。

不同的编译器开发商在遵照 C 语言标准的基础上，对标准 C 新增了一些特性，如增加了图形图像处理能力，或在标准 C 的基础上，增加了特定的库函数。编译器的实现方式不同，这样市面上出现了 Borland 公司的 Turbo C，Microsoft 公司的 Microsoft C 等不同的编译器，都可实现对 C 语言程序的编辑、编译、连接和运行。Microsoft C 增加面向对象特性后，发展为 Microsoft C++和可视化编程的 Microsoft Visual C++。本书就是以 Microsoft Visual C++为开发环境进行介绍的。

1.2.2　C 语言的特点

（1）C 语言是一种结构化语言，层次清晰，便于按模块化方式组织程序，易于调试和维护。

（2）C 语言的表现能力和处理能力极强。不仅具有丰富的运算符和数据类型，便于实现各类复杂的数据结构，它还可以直接访问内存的物理地址，进行位级别的操作。

（3）由于 C 语言实现了对硬件的编程操作，所以既可用于系统软件的开发，也适合于应用软件的开发。C 语言还具有效率高、可移植性强等特点。因此广泛地移植到了各类计算机上，从而形成了多种版本的 C 语言。

（4）由于 C 语言允许直接对位、字节和地址进行操作，能实现汇编语言的大部分功能。

（5）目标代码质量高，程序执行效率高。

总体来说，C 语言的优点是简洁、紧凑、使用方便、灵活、易于学习和应用，程序的书写形式也很自由。C 语言的缺点是语法限制不严格，使得编程者无法过多地依赖 C 编译程序去查错；缺少实时检查，如数组越界等。

1.2.3　C 程序的基本结构

在介绍 C 程序的基本结构与特征前，我们先看如下两个 C 程序的例子。

例 1.1　向控制台（显示器）输出信息"This is my first program."。

```
#include  <stdio.h>/*预处理命令：包含有标准输入输出库函数的头文件 stdio.h*/
void main()/*主函数*/
{
   printf("This is my first C program.\n");
}
```

例 1.2　输入两个数 a、b，并输出其最小值。

分析：输入两个数 a、b，调用自定义函数 min(a,b)，求出其最小值并赋给 c，然后输出最小值 c。

```
#include  <stdio.h>
int min(int a,int b) /*用户自定义函数*/
{
    return a<b?a:b;
}
void main()/*主函数*/
{
    int a,b,c; /*变量定义*/
    scanf("%d%d",&a,&b); /*调用标准库函数 scanf*/
    c=min(a,b); /*调用自定义函数 min*/
    printf("min=%d\n",c); /*调用标准库函数 printf*/
}
```

通过以上两个例子可以看出，任何一个 C 程序有且仅有一个称之为主函数的 main 函数。程序执行从主函数开始，其他函数通过主函数直接或间接调用才能执行，主函数执行结束时，标志程序执行结束。

函数的基本结构为：

```
[返回值类型]函数名([形参说明表])
{
    变量定义部分;
    语句执行部分;
}
```

其中，C 程序中的函数要用到的变量必须先定义，然后才能使用，因此变量定义在执行语句前。函数的定义和调用将在第 6 章进行详细讲解。

1.2.4　C 程序的书写格式

在编辑 C 语言源程序时，我们应注意如下几点。

（1）C 程序采用块注释方法，块注释书写方法为：

```
/* 注释部分 */
```

注释部分只为了提高程序的可读性，不参与程序的编译和运行。但在书写格式上要注意："/"与"*"之间或"*"与"/"之间不能有空格。C 程序在 Visual C++ 6.0 编程环境下，也可采用 C++ 的注释方法，即若要对某行进行注释，只需在该行前面加上两个正斜杠符"//"即可。

注意　和注释符号/*、*/一样，圆括号（　）、花括号{　}、方括号[　]都必须成对使用。

（2）标识符用来表示函数、类型及变量的名称，它是字母、下划线和数字的排列，但必须用字母或下划线开头。

Turbo C 2.0 对于标识符的规定最长可允许 32 个字符。读者应注意编程序时所用系统对标识符长度的规定，有的系统对标识符的使用往往有较多的限制。对于初学者来讲，建议在程序中标识符一般不要取得太长。

下面给出一些合法与不合法命名的标识符。

合法标识符：_s78、ave_1、snoopy2、func、B567ill。

不合法标识符：fat*9、$100_、a#b、s-t、8y9。

注意　C 语言是区分大小的。如：MAX、max 和 Max 表示的是 3 个不同的标识符。

（3）C 语言一般采用小写字母作为关键字。关键字是一种语言中规定具有特定含义的标识符。关键字不能作为变量或函数名来使用，用户只能根据系统的规定使用它们。根据 ANSI 标准，C 语言可使用以下 32 个关键字：

auto、break、case、char、const、continue、default、do、double、else、enum、extern、float、for、goto、if、int、long、register、return、short、signed、sizeof、static、struct、switch、typedef、union、unsigned、void、volatile、while

（4）C 程序书写格式灵活，一个语句可连续写在多行上，一行也可以写多个语句。如例 1.2 中的 min 函数可以写成如下形式：

```
int min(int a,int b){ return a<b?a:b;}
```

（5）所有语句都必须以分号“;”结束，分号“;”作为语句之间的分隔符。函数的最后一个语句也必须以分号“;”结束。

（6）用预处理命令#include 可以包含有关文件的信息。

Turbo C 提供了多个头文件，分类包含了各类标准函数的原型说明，需要用到某些标准库函数时，只需将对应的头文件用#include 语句包含在程序的首部就可直接使用了，头文件的扩展名一般为 .h。

1.3　算法及其描述

存储程序和程序控制是现代数字电子计算机自动工作的基本原理。一个程序应包括对数据的描述和对数据处理的描述。

1.3.1　算法与程序

著名计算机科学家沃思（Nikiklaus Wirth）提出如下一个公式：

程序=数据结构+算法

对数据的描述，即为数据结构。在 C 语言中，系统提供的数据结构，是以数据类型的形式出现的。

算法是为解决一个问题而采取的方法和步骤，是对数据处理的描述，是程序的灵魂。

计算机不仅能够完成精确的科学计算，还能够进行复杂的数据处理。计算机进行的一切工作都是按照人们事先确定的处理方案，让计算机执行指定的操作步骤，才能得到满意的结果。计算机解题的整个过程一般要经过以下几个阶段。

1. 建立模型

该阶段根据所要解决的问题，分析用户需求，找出用户使用的已知数据和相关的条件，明确需要输入什么数据，以及处理对象，明确需要进行哪些处理，明确需要输出的结果数据。根据这些，将模型抽象出来，俗称“建模”。

2. 设计算法

根据建立好的模型，用计算机语言所提供的各种编程结构和数据结构来设计算法。

如果是复杂的数值计算问题，就要建立数学模型，即要将一个物理过程或工作状态用数学形式表达出来，列出计算公式或方程（组）及计算过程的说明。

如果是非数值计算问题，就要按照信息处理的要求提出处理方法，确定信息处理系统的总体功能。

确定处理方案是解题的关键。对于同一个问题，往往可以制定多种不同的方案来进行数据处理，不同的方案决定了不同的处理步骤，处理效果也可能大不一样。因而在确定处理方案时，应当对不同的方案进行充分的比较，以便确定最优的处理方案。该阶段根据已确定处理方案，具体列出计算机要完成的功能项目，列出计算机要进行的操作步骤，写出计算机解题的算法。

3. 编写程序

根据之前描述的算法，用一种计算机语言编写出能完成确定的功能和解题操作的程序。

4. 调试和运行程序

程序由计算机能够接受和执行的一系列语句（命令）组成。程序是计算机软件的本体，程序质量的好坏决定了软件的质量。

该阶段将编写好的程序输入计算机进行调试，找出程序中的所有语法错误和逻辑错误，修正程序，并测试程序在不同情况下能否正常运行，直到程序运行正常，能够得到预期的结果。调试通过的程序才能投入正式运行。调试程序是保证程序正确的重要环节。

1.3.2 算法的概念

算法，通俗地讲就是一种解题方法，所要采取的、确定的、有限的解题步骤。计算机解题的算法，严格地讲是由若干条指令组成的有穷序列。

从广义讲，做任何事情都有一个过程，即事情经过的步骤，这也可以看作做事情的算法。从某种意义上说，要认真做好任何一件事情，达到预想的目的，都需要先确定好算法。在进行计算机程序设计的过程中，我们必须充分认识算法的重要性。

例如，我们要计算机求出两个整数的和的算法，可以描述如下。

（1）定义 3 个变量 A、B、C，并给 3 个变量分别分配内存空间，用于存放整数值。

（2）将 26、16 两个整数值分别赋给变量 A、B。

（3）求出两个整数和的数值（A+B），赋给第三个变量 C。

（4）输出第三个变量的值。

（5）运行结束。

以上的描述就是一个计算机解题的算法。

1.3.3 算法的特点

“确定的、有限的”是算法的最重要的规则，一个算法必须满足以下 5 个规则。

（1）算法的有穷性。一个算法中的执行步骤是有限的，即在执行有穷步后结束，并且算法中的每一条指令执行的次数都是有限的。

（2）算法的可行性。算法中描述的操作步骤，每一个步骤都是可以通过已经实现的基本操作指令执行有限次完成，每条指令的执行时间都是有限的，保证了整个算法的实现。

（3）输入，一个算法有 0 个或多个输入的外界量，它们是算法中最初给出的数据，取自于特定对象的集合。

（4）输出，一个算法有一个或多个输出的量，它们是与输入有某种关系的量。

（5）算法的确定性。算法中的每一个操作的含义必须明确，无二义性。并且在一定条件下，算法的执行路径是唯一的。

需要说明的是，在一个算法中，有些指令可能是重复执行的，因此一个算法的指令的执行次数可能远远大于算法中的指令条数。

1.3.4*　算法的描述方法

从上面的分析可知，算法是描述某一问题求解的有限步骤，而且必须有结果输出。设计一个算法或者描述一个算法，最终是由程序设计语言来实现的。但算法与程序设计又有区别，主要是一个由粗到细的过程。算法是考虑实现某一个问题求解的方法和步骤，是解决问题的框架流程；而程序设计则是根据这一求解的框架流程进行语言细化，实现这一问题求解的具体过程。

一般可以使用以下几种类型的工具描述算法。

1. 自然语言

自然语言即人们日常进行交流的语言，如英语、汉语等。用自然语言用来描述的算法通俗易懂，便于用户相互之间进行交流。但是，由于自然语言表示的含义往往不太严格，随意性较大，容易出现歧义性表述。另外将自然语言描述的算法直接在计算机上进行处理，目前还存在许多困难，包括诸如语音、语义识别等方面的问题。因此，除了简单问题以外，一般不使用自然语言来描述算法。

2. 流程图

要对某一个算法进行描述，可以借助有关的图形工具或代码符号。常用的工具有流程图、N-S 图等。

流程图是一种传统的算法表示法，程序流程图是人们对解决问题的方法、思路或算法的一种描述。它利用图形化的符号框来代表各种不同性质的操作，并用流程线来连接这些操作。

图 1.1 所示为我国国家标准 GB 1526—89 中推荐的一套流程图标准化符号的一部分。

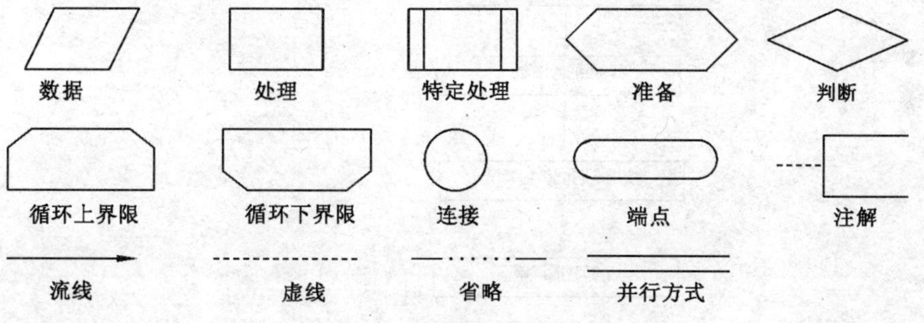

图 1.1　流程图标准化符号

我们对常用的符号进行一些解释。

（1）矩形：一般用作要执行的处理（process），在程序流程图中作为执行框。

（2）圆角矩形或者扁圆：表示程序的开始或者结束，在程序流程图中用作为起始框或者结束框。

（3）箭头：表示执行方向与顺序。

（4）菱形：表示决策或判断（例如：If...Then...Else），在程序流程图中用作判别框。

（5）圆形：表示连接，一般是表示同一流程图从一个进程到另一个进程的交叉引用。

（6）平行四边形：一般表示数据，或确定的数据处理，或者表示资料输入（Input）和输出（output）。

例 1.3 考生参加某培训中心的考试需要遵循以下程序：在考试之前咨询考试事宜，如果是新考生，需要填写考生注册表，领取考生编号，明确考试科目和时间，然后缴纳考试费，按规定时间参加考试，领取成绩单，领取证书；如果不是新考生，则需出示考生编号，明确考试的科目和时间，然后缴纳考试费，按规定时间参加考试，领取成绩单，领取证书。设计一个流程图，表示这个考试流程。

解题思路：在画流程图之前，先将上述流程分解为若干个比较明确的步骤，并确认这些步骤之间的关系。显然，“咨询考试事宜”是每一名考生都要做的事情，接着，新考生和老考生执行不同的步骤，新考生“填写考生注册表，领取考生编号”，老考生“出示考生编号”，然后，共同执行以下步骤：“明确考试科目和时间”“缴纳考试费”“按规定时间参加考试”“领取成绩单”和“领取证书”。

用流程图表示考试流程如图 1.2 所示。

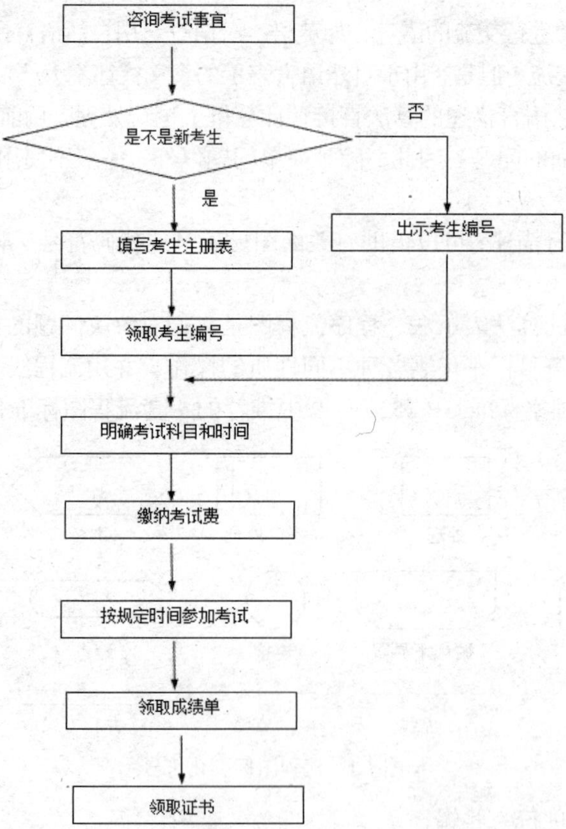

图 1.2 流程图示例

说明：在画流程图前，先将上述流程分解成若干比较明确的步骤，并确定这些步骤之间的关系，注意新考生与老考生的不同程序、画图中如果自上而下画图对于篇幅有限制，可采用从左到右的方式，灵活处理实际问题，但应注意过程的简单明了与美观。

3. N–S 图

在 NS 图中，每个“处理步骤”是用一个盒子表示的，所谓“处理步骤”可以是语句或语句序列。需要时，盒子中还可以嵌套另一个盒子，嵌套深度一般没有限制，只要整张图在一页纸上能容纳得下，由于只能从上边进入盒子然后从下边走出，除此之外没有其他的入口和出口，所以，NS 图限制了随意的控制转移，保证了程序的良好结构。

C 语言中有 3 种基本结构是：顺序、选择、循环。

用 N-S 图表示如图 1.3 所示。

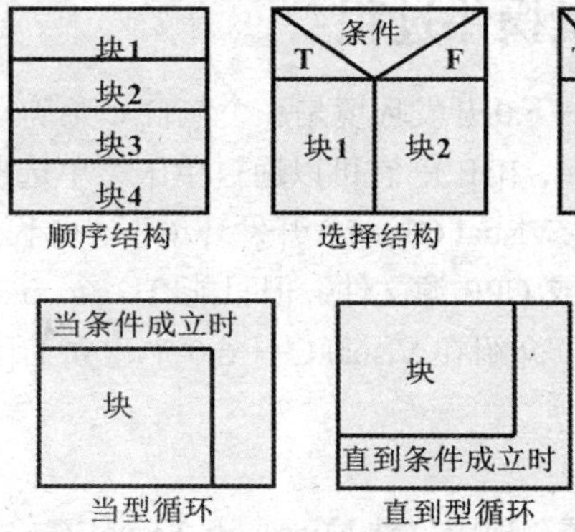

图 1.3　三大基本结构 N-S 图示例

1.4　Visual C++ 6.0 集成开发环境

C 语言的编译系统有很多种，本书采用 Visual　C++　6.0 集成开发环境，本节将介绍在此环境下如何编辑、编译、连接和运行 C 程序。

1.4.1　C 程序可执行文件的生成过程

C 语言程序可执行文件的生成过程如图 1.4 所示。

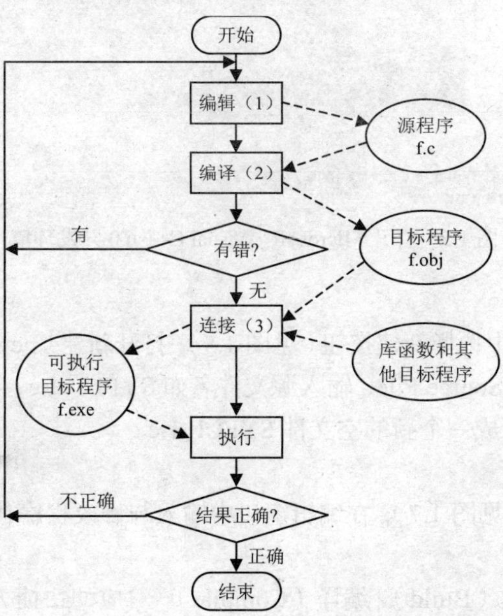

图 1.4　C 程序可执行文件的生成过程

（1）利用编辑器生成文本文件，该文本文件又称为 C/C++源程序，其扩展名为.cpp 或.c。编辑器可以是 C 系统提供的，也可以是其他文本编辑器，如 Notepad、Edit、Edlin 等。

（2）采用 C 编译器将源程序编译为二进制的机器目标文件，生成的目标文件扩展名为.obj。

（3）采用 C 连接程序将目标文件与库文件连接，生成可执行文件，可执行文件扩展名为.exe。

1.4.2 Visual C++ 6.0 上机操作过程

基于 Windows 操作系统的 Visual C++ 6.0 开发环境是一个包含 C 语言子集的可视化集成开发环境（Integrated Development Environment，IDE），它可以通过单击菜单选项或工具栏按钮进行编辑、编译、连接、运行和调试等操作。在 Visual C++ 6.0 开发环境下，C 程序按工程（project）进行组织，每个工程可包括一个或多个 C 或 CPP 源文件，但只能有一个 main 函数。下面以例 1.1 为示例（例 1.1 源文件命名为 SYFL1_1.c）介绍在 Visual C++ 6.0 中建立工程并进行 C 程序调试的主要操作步骤。

1. 启动 Microsoft Visual C++ 6.0

从桌面上或“开始”按钮中的“程序”项中启动 Microsoft Visual C++ 6.0，打开这个集成开发环境（见图 1.5）。

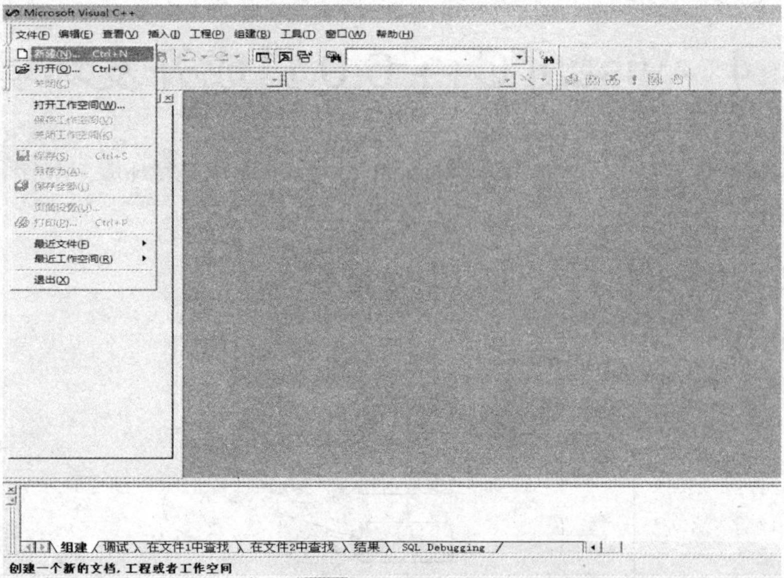

图 1.5 打开 Microsoft Visual C++ 6.0 开发环境

2. 新建一个 C 源文件

在打开的（文件）菜单中选择新建按钮（见图 1.5），打开新建（new）标签，再选择文件（File）标签，选择文件类型为 C++Source File，输入源文件名如 SYFL1_1.c，选择保存源文件的位置（见图 1.6），按确定按钮后将生成一个新的空文件 SYFL1_1.c。

3. 编辑过程

出现源文件编辑窗口（见图 1.7），在编辑窗口中输入与修改程序代码，完成后可保存源文件。

4. 编译过程

选择下拉菜单——组建（Build）| 编译（Compile），对应的快捷方式为 Ctrl+F7，将生成.obj 目标文件。

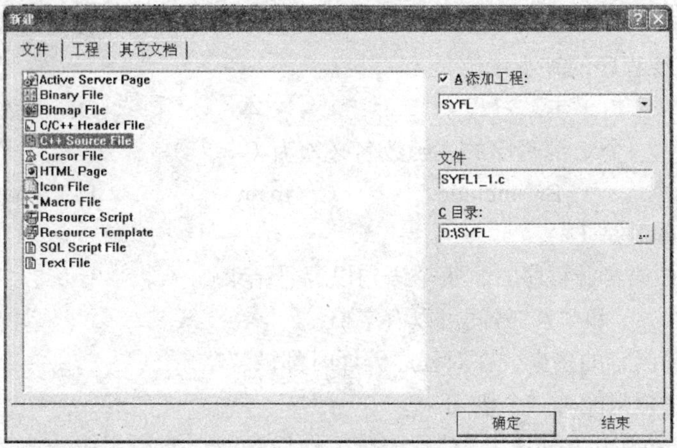

图 1.6　新建 C 源文件的对话框

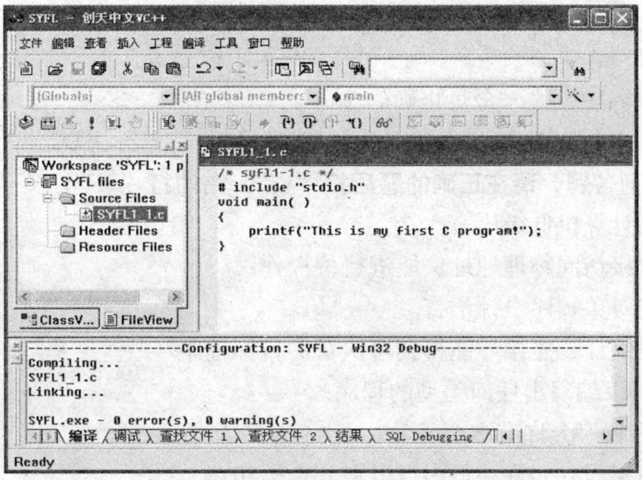

图 1.7　编辑窗口

5. 连接过程

选择下拉菜单——组建（Build）| 组建（Build），对应的快捷方式为 F7，将生成.exe 可执行文件。

6. 运行程序

选择下拉菜单——组建（Build）| 开始调试（Start Debug）| 运行(Go)，对应的快捷方式为 F5，将运行生成的.exe 文件。也可以选择下拉菜单——组建（Build）| 执行（!Execute），对应的快捷方式为 Ctrl+F5，将运行生成的.exe 文件。

如果用户修改了 C/C++源程序，必须对源文件重新进行编译、组建，才能执行修改后的程序。

习　　题

一、选择题

1. 一个完整的可运行的 C 源程序中（　　）。

   A. 可以有一个或多个主函数　　B. 必须有且仅有一个主函数

C. 可以没有主函数 D. 必须有主函数和其他函数

2. 构成 C 语言源程序的基本单位是（ ）。

A. 子程序 B. 过程 C. 文本 D. 函数

3. C 语言规定，一个 C 源程序的主函数名必须为（ ）。

A. program B. include C. main D. function

4. 下列说法正确的是（ ）。

A. 在书写 C 语言源程序时，每个语句以逗号结束

B. 注释时，“/”和“*”号间可以有空格

C. 无论注释内容的多少，在对程序编译时都被忽略

D. C 程序每行只能写一个语句

5. 在 Visual C++ 6.0 开发环境下，C 程序按工程（project）进行组织，每个工程可包括（ ）C/CPP 源文件，但只能有（ ）main 函数。

A. 1 个 B. 2 个

C. 3 个 D. 1 个以上（含 1 个）

6. 下列 4 个变量名中，哪一个是正确的（ ）。

A. int B. 8bl C. s12 D. #jk9

二、判断题（下列各题，请在正确的题后打“√”，错的打“×”）

1. C 语言是一种计算机低级语言。
2. C 语言允许直接访问物理地址，能进行位操作。
3. C 语言是面向对象程序设计语言。
4. C 程序要通过编译、连接才能得到可执行的目标程序。
5. 用 C 语言，可以编写出任何类型的程序。
6. 每一个 C 语言程序允许有多个函数。
7. C 语言的书写格式，允许一行内可以写几个语句。
8. C 语言程序的语句无行号。
9. C 语言程序的每个语句的最后必须有一个分号。
10. 一个完整的 C 语言程序，由一个主函数和若干个其他函数组成，或仅由一个主函数构成。

第 2 章 基本数据类型与运算符

本章主要介绍 C 语言基本数据类型和对基本类型数据的各种运算，这些运算主要包括算术运算、关系运算、逻辑运算、赋值运算、条件运算等。

2.1 基本数据类型和取值范围

C 语言定义了几种基本数据类型：字符型（char）、整型（int）、浮点型（float）和双精度型（double），它们是构造其他数据类型的基础。本节针对基本数据类型的常量和变量进行了详细介绍。

2.1.1 基本数据类型和取值范围

1. 基本数据类型

在计算机中，所有的数据都采用二进制形式表示，4 种基本数据类型规定了数据在内存中占用的二进制位数/字节数，从而也规定了数据的取值范围。与数据类型相关的是类型修饰符，对于整数类型有两类修饰符，一类是符号修饰，另一类是长度修饰。其中符号修饰符有带符号（signed）和不带符号（unsigned）之分，默认为带符号（signed）修饰；长度修饰有短型（short）和长型（long）之分，这些数据长度与具体机器编译环境有关。例如，在 Visual C++ 6.0 编程环境下，int 类型与 long 类型一样，都是占 4 字节（32 位）；而在 Turbo C 2.0 编程环境下，int 类型与 short 类型一样，都是占 2 字节（16 位）。本书以 Visual C++ 6.0 作为开发环境，其主要数据类型和取值范围如表 2.1 所示。表中类型带中括号的项表示是格式中的可选项。

关于数据取值范围，我们以 16 位整型数为例进行说明，其他类型数据取值范围可依此类推。不带符号 unsigned short 类型最大值为 1111111111111111，即 65535（$2^{16}-1$），最小值为 0000000000000000，即 0；带符号 signed short 数采用二进制补码形式表示，其最大值为 0111111111111111，即 32767（$2^{15}-1$），其最小值为 1000000000000000，即-32768（-2^{15}）。

表 2.1 数据类型和取值范围

类型	修饰符	取值范围	长度（字节）	有效数字（位）
字符型	[signed] char	$-2^7\sim2^7-1$	1	
	unsigned char	$0\sim2^8-1$		
整型	[signed] short [int]	$-2^{15}\sim2^{15}-1$	2	
	unsigned short [int]	$0\sim2^{16}-1$		
	[signed] int	$-2^{31}\sim2^{31}-1$	4	

续表

类型	修饰符	取值范围	长度（字节）	有效数字（位）
整型	unsigned int	$0 \sim 2^{32}-1$	4	
	[signed] long [int]	$-2^{31} \sim 2^{31}-1$		
	unsigned long [int]	$0 \sim 2^{32}-1$		
浮点型	float	$10^{-37} \sim 10^{38}$	4	6～7
双精度型	double	$10^{-307} \sim 10^{308}$	8	15～16

C 语言数据分为两类，一类为常量，另一类称为变量。常量是指在程序运行过程中数值不发生变化的量，如 5，'a'，"Hello，world"；变量是指程序运行过程中，可以发生变化的量，如 a 等。

2. **变量的定义**

变量的定义格式为：

```
[存储类型]数据类型 变量名;
```

例如：

```
int a, a5, _a;
float _a5, A5;
```

其中，变量类型可以是表 2.1 中的任何数据类型，变量命名必须遵守以下 C 标识符命名规则：

（1）第 1 个字符必须是字母或下划线；

（2）其余字符可以是字母、下划线和数字；

（3）字母区分大小写；

（4）用户自定义标识符不能与 C 语言的保留字或预定义标识符同名，并应尽量做到“见名知意”，以增加程序的可读性。

变量没有赋初值时，变量中存放的是一随机值。变量定义时可同时赋初值，称之为变量的初始化，例如：

```
int a=1,a5=10;
```

定义变量包括两个方面的含义：一是给变量分配了存储空间和规定了变量的取值范围，从而可以对变量进行存储操作，如上述举例中，为变量 a、a5、_a 各分配了 4 个字节空间，为变量_a5、A5 各分配了 4 个字节，变量有了存储空间，也就有变量地址，如&a、&a5、&_a 分别表示变量 a、a5、_a 的首地址；二是规定了其允许的操作，如实数可进行加、减、乘、除运算，但不能进行求余运算。

2.1.2 整型常量

C 语言中整型常量按进制划分有十进制、八进制（前缀为数字 0）、十六进制（前缀为数字 0X 或 0x）3 种。数据 377 按这 3 种进制的格式可分别表示为：377、0571、0x179（或 0X179）。

整型常量按长度划分为两种：短整型和长整型（后缀为小写字母 l 或大写字母 L），其中默认为短整型，如−377 是一个短整型数，而−377l 或−377L 表示−377 是长整型数。

长度和进制可进行组合，如 377L、0571L、0x788L 分别表示十进制、八进制、十六进制长整型数。

2.1.3　实型常量

实型常量有两种表示方法，一类是标准计数方法，如 PI 值表示为 3.1415926，另一类可以采用科学计数法，科学计数法的一般形式为：

```
尾数 E 阶码
```

或

```
尾数 e 阶码
```

如 PI 值可以表示为如下形式：

```
3.14159E0    3.14159e0    0.314159E1    31.4159e-1。
```

2.1.4　字符常量

字符常量用一对单引号包围，如'5'、'a'、'A'、' '等，每个字符占一个字节。在计算机中，字符按 ASCII 值存放，见附录 1，上述对应的 4 个字符的 ASCII 值分别为 53、97、65、32 等，因此字符也可以参加整型运算。由于字符用单引号包围，单引号字符不好表示，在 C 语言中这些不好表示的字符可在字符前面加反斜杠\区分，称之为转义字符，如\'表示单引号。常用的转义字符如表 2.2 所示。

表 2.2　常用转义字符表

码	意义	ASCII	码	意义	ASCII
\b	退格	8	\'	单引号	39
\f	换页	12	\\	反斜杠	92
\n	新行	10	\v	垂直制表	11
\r	回车	13	\a	响铃	7
\t	水平制表	9	%%	百分号	37
\"	双引号	34	\?	问号	63

字符也可用八进制或十六进制形式表示：

```
八进制      \ooo
十六进制    \xhh
```

如\101、\x41 均表示大写字母 A。

例 2.1　转义字符与字符运算举例，分析下列程序运行结果。

```
#include <stdio.h>
main()
{
    char c='a';
    c=c+1;
    printf("\n%c\n",c);
    printf("The token of RMB is:\n\t\t\tY\b=");
}
```

在屏幕上的输出结果为：

```
b
The token of RMB is:
```

=

在打印机上的输出结果为：

```
b
The token of RMB is:
                    ¥
```

2.1.5 字符串常量

字符串常量是用一对双引号包围的字符序列，如"Hello,world! "，它们在内存中是按照每个字符的 ASCII 码连续存放的，并在结尾处添加了一结束标志'\0'，对应的 ASCII 值为 0，这样 n 个字符组成的字符串需占用 n+1 个字节。因此，12 个字符组成字符串"Hello,world! "在内存（使用十六进制编码表示）中占用 13 个字节，其存储形式如图 2.1 所示。

00	01	02	03	04	05	06	07	08	09	0A	0B	0C
72	101	108	108	111	39	119	111	114	108	100	33	0

（a）字符在内存中按其 ASCII 值存储

00	01	02	03	04	05	06	07	08	09	0A	0B	0C
'H'	'e'	'l'	'l'	'o'	','	'w'	'o'	'r'	'l'	'd'	'!'	'\0'

（b）图（a）对应位置代表的字符

图 2.1　字符串"Hello，world!"的存储表示

值得注意的是：

（1）字符串中包含有双引号字符时，字符双引号必须用转义字符表示；

（2）一个字符串需占用两行时，需采用两对双引号，具体可参见例 2.2。

例 2.2　字符串常量分两行表示的实例。

```
#include <stdio.h>
main()
{
    printf("This string"
           "is too long!");
}
```

程序运行结果如下：

```
This string is too long!
```

2.2 运算符与表达式

运算符是一种说明一个特定的数学或逻辑运算的符号，表达式是用运算符（操作符）将运算数（操作数）连接起来的式子。

2.2.1 优先级与结合规则

基本数学的运算符有加减乘除，顺序是这样规定的：先乘除后加减，从左至右依次进行。这句话包含了两层意思：先乘除后加减表明了乘除运算符的优先级别比加减运算符优先级别高；在

同一级别运算时，按从左至右依次进行，表示另一种规则，即结合规则，对于算术运算的结合规则是按从左至右进行的，即左结合性。C 语言中除了算术运算符之外，还有其他一些运算符，这些运算符的优先级别和结合规则如表 2.3 所示，从表 2.3 中我们可以看出加减运算符的级别为 4 级，比运算级别为 3 级的乘除运算符级别要低。

表 2.3　　运算符的优先级和结合规则

优先级	运算符	结合规则
1	( ) [ ] -> .	从左至右
2	! ~ ++ -- - * & sizeof (type)	从右至左
3	* / %	从左至右
4	+ -	从左至右
5	<< >>	从左至右
6	< <= >= >	从左至右
7	== !=	从左至右
8	&	从左至右
9	^	从左至右
10	|	从左至右
11	&&	从左至右
12	||	从左至右
13	?:	从右至左
14	= += -= *= /= %= &= ^= |= >>= <<=	从右至左
15	,	从左至右

算术运算符+、-、*、/等只允许带左右两个运算数的运算符称为二元运算符（或二目运算符、双元运算符），负号运算符（-）只允许有一个运算数的称为单元运算符（或单目运算符、一元运算符）。C 语言中只有一个三元运算符，即条件运算符，它允许带 3 个运算数。

当由多个不同运算符和运算数组成较为复杂的表达式时，其运算符计算顺序按如下规则执行：

（1）不同级别的运算符按运算符的优先级别确定计算顺序，优先级别高（优先级别数小）的运算符先计算，优先级别低（优先级别数大）的运算符后计算；

（2）相同级别的运算符按结合规则确定计算顺序。

如表达式

```
3+4*(12-6)/(1+2)
```

的计算顺序为：①左边括号运算（12-6），值为 6，②右边括号运算（1+2），值为 3，③左边乘法运算 4*6，值为 24，④右边除法运算 24/3，值为 8，⑤加法运算 3+8，值为 11。

2.2.2　赋值运算与连续赋值

简单赋值运算的一般形式为

```
变量=表达式
```

其功能是将一个表达式的值赋给变量。表达式如下。

```
a=b+c;
```

该式读作将表达式 b+c 的值赋给 a。其本意是改写变量 a 的值，而不是判断 b+c 与 a 是否相等，初学者往往将 C 语言中的赋值运算符看作为数学上的关系运算符——等于运算符，这是错误的。又如数学上将表达式

```
a=a+5;
```

看作错误的表达式，在 C 语言中这是正确的合法表达式，它是在改写存储单元 a 中的内容，因为在 C 语言中，运算符“=”不是关系运算符，而是赋值运算符。

在 C 语言中，赋值运算符的级别较低，为 14 级，并满足右结合规则。因此表达式

```
x=y=z=1;
```

是连续赋值表达式，其功能相当于如下表达式的功能。

```
x= ( y= ( z=1 ));
```

它是先执行表达式 z=1，即将 1 赋给 z，表达式值也为 1，然后将表达式值 1 赋给 y，即执行 y=1，表达式值也仍为 1，再将表达式值 1 赋给 x，即执行 x=1。

2.2.3 算术运算

C 语言中算术运算符有加“+”、减“–”、乘“*”、除“/”、求余（模）“%”“++”“––”7 个。其中+、–运算符级别为 4 级，*、/、%运算符级别为 3 级，它们都满足左结合性，都是二元运算符，+、–、*、/都能对整数或实数进行运算。

1. 求余运算符%

求余运算符%只能对整型数据进行运算，如 5%2 的值为 1，5%3 值为 2。

如果计算：

```
a%b
```

时，如果 a、b 中至少有一个为负数，此时运算结果如何呢？C 语言中规定，其结果：余数与 a 的符号相同，而绝对值不变。因此表达式 7%3、7%–3、–7%3、–7%–3 的值分别为 1、1、–1、–1。

2. ++、– –运算符

++、– –为一元运算符，级别为 2 级，满足右结合性，只能对整型变量进行运算。表达式++a 或 a++表示 a 的值自增 1，而– –a 或 a– –表示 a 的值自减 1。例如，若有定义：

```
int  a=5;
```

则执行

```
a++
```

或

```
++a
```

a 的值为 6；执行

```
a--
```

或

```
--a
```

a 的值为 4。

++、– –运算符可写在变量的前面或变量的后面，写在变量的前面称为前缀（或前置）运算符，

写在变量的后面称为后缀（或后置）运算符，在使用前缀运算与后缀运算时要注意如下两点。

（1）++a 与 a++单独构成表达式时，两者使用时没有区别。

（2）++a 与 a++不是单独构成表达式时，前缀运算表示先加后用，后缀运算表示先用后加。

先用后加指的是先读取 a 的数据使用，当表达式中比逗号运算符高的运算符都执行完后，a 再进行自加运算。先加后用指的是先对 a 进行自加运算，然后再读取 a 进行其他运算。

上面我们仅以++为例进行说明，对于− −运算也有相似的规则：前缀表示先减后用，后缀表示先用后减。

例 2.3　分析下列程序的运行结果。

```
#include  <stdio.h>
main()
{
    int a,b;
    a=3;b=a++;printf("a=%d b=%d\n",a,b);
    a=3;b=++a;printf("a=%d b=%d\n",a,b);
    a=3;b=++a*++a; printf("a=%d b=%d\n",a,b);
    a=3;b=++a*a++; printf("a=%d b=%d\n",a,b);
    a=3;b=a++*++a; printf("a=%d b=%d\n",a,b);
    a=3;b=a++*a++; printf("a=%d b=%d\n",a,b);
    a=3;printf("++a=%d a++=%d\n",++a,a++);
}
```

程序运行结果为：

```
a=4 b=3
a=4 b=4
a=5 b=25
a=5 b=16
a=5 b=16
a=5 b=9
++a=4 a++=3
```

选取上例运算结果中的几行进行分析。

（1）运行结果中的第一行分析：此为后缀运算，先读取 a 的值 3 赋给 b（b 值为 3）后，a 再执行自加运算，a 值为 4。

（2）运行结果中的第 5 行分析：第一个++为后置运算，需等赋值运算执行完后才执行，留待以后执行自加运算，第二个++为前置运算，先进行自加后 a 值为 4，然后在 a 的同一存储单元中两次读取 a 进行乘法运算，此时两次读取的数据都为 4，乘法结果 16 赋给 b，赋值运算执行完后，执行留待的后置自加运算 a 值为 5。

（3）*运行结果中的最后一行分析：这里首先应明白 C 语言中参数传递是自后向前的传递方式（这与其他高级语言如 Pascal 是不同的），再来分析其运算结果，首先传递的是 a 的后置自加运算，先用后加，先用的 a 值为 3，即输出结果为 3（而加 1 要在用完后，即 Printf 输出完成后才进行），然后传递的是 a 的前置自加运算，先加后用，a 先自加使 a 的值为 4，后用的 a 值为 4，即输出结果为 4。对于其他运算结果，也不难进行分析得出。

注意　最后一行语句在 Turbo C 2.0 中的运行结果为“++a=5　a++=3，”这说明不同的编译器处理有差别，建议初学者尽量避免例 2.3 中的这些稍复杂的用法，因为这些语句完全可以用简单而功能明确的语句替代。

2.2.4 关系运算

关系运算又称为比较大小运算，它有 6 个运算符：>、>=、<、<=、==、!=，它们的结合规则都是自左向右的。其中>、>=、<、<=等 4 个运算符级别为 6 级，它们比==、!=等两个运算符级别为 7 级的要高。关系运算的结果为逻辑真或逻辑假，关系成立时为逻辑真（值为 1），关系不成立时为逻辑假（值为 0）。表达式如下。

```
5>3    5>=3    5<3        5<=3    5==3    5!=3
```

的逻辑值分别为

```
1      1       0          0       0       1
```

关系运算的等于运算符= =与数学上的等于运算符=具有相同的含义，与 C 语言中的赋值运算符=是完全不同的，这一点初学者往往容易搞错。

2.2.5 逻辑运算和逻辑优化

C 语言中逻辑运算符有 3 个，分别是逻辑与&&（11 级、左结合）、逻辑或||（12 级、左结合）、逻辑非!（2 级、右结合）。逻辑与表达式 a&&b 表示 a 与 b 中只要有一个条件不满足（值为 0），其运算结果为 0。逻辑或表达式 a||b 表示 a 与 b 中只要有一个条件满足（值为 1），其运算结果为 1。逻辑非表达式!a，当 a 为 1 时，结果为 0，当 a 为 0 时，结果为 1。逻辑运算真值表如表 2.4 所示。

表 2.4 逻辑运算真值表

a	b	a&&b	a||b	!a
1	1	1	1	0
1	0	0	1	0
0	1	0	1	1
0	0	0	0	1

在 C 语言逻辑运算中，任何非 0 值都当作逻辑值 1 处理，因此表达式 0.1||0 的结果值为 1。

关于逻辑优化的问题：从逻辑与运算 a&&b 的真值表中，我们可以看出，只要 a 值为 0，不管 b 值如何，其运算结果都为 0，因此，在进行逻辑与运算时，只要计算 a 值为 0，我们不需计算 b 值，这种情况，我们称之为逻辑与优化。同样，对于逻辑或运算 a||b，只要 a 值为 1，不需计算 b 值，此时表达式值恒为 1，这种情况称之为逻辑或优化。

例 2.4 逻辑运算。

```
#include <stdio.h>
main()
{
    int x,y,z;
    x=y=z=0;++x|| ++y|| ++z;
    printf("x=%d y=%d z=%d\n",x,y,z);
    x=y=z=0;++x&&++y|| ++z;
    printf("x=%d y=%d z=%d\n",x,y,z);
    x=y=z=0;++x&&++y&&++z;
    printf("x=%d y=%d z=%d\n",x,y,z);
    x=y=z=0;++x|| ++y&&++z;
    printf("x=%d y=%d z=%d\n",x,y,z);
}
```

程序运行结果为：

```
x=1 y=0 z=0
x=1 y=1 z=0
x=1 y=1 z=1
x=1 y=0 z=0
```

2.2.6　位运算

1. 位运算操作符

位运算符有&、|、^、~、>>、<<6 个，其含义如表 2.5 所示。

表 2.5　　位运算符号表

运算符	符号名	例子	意义	优先级	结合规则
&	位与	a&b	a 与 b 按位求与	8	左
^	位异或	a^b	a 与 b 按位求异或	9	左
|	位或	a|b	a 与 b 按位求或	10	左
~	位反	~a	对 a 按位求反	2	右
>>	右移位	a>>b	a 向右移 b 位	5	左
<<	左移位	a<<b	a 向左移 b 位	5	左

2. 异或运算

异或运算真值表如表 2.6 所示，即对应位相同时结果为 0，不同时结果为 1。

表 2.6　　异或运算真值表

a	b	a^b
1	1	0
1	0	1
0	1	1
0	0	0

3. 移位运算

左移位运算 a<<b 表示将 a 左移 b 位，右边空出的低位部分用 0 填补，左边移出的部分将丢弃。右移位运算 a>>b，右边移出的部分将丢弃，左边空出的高位部分填补方法则根据 a 是否为带符号数又分为两种：a 为带符号数时，左边空出的高位部分用符号位填补；a 为不带符号数时，左边空出的高位部分用 0 填补。

例 2.5　位运算。

```
#include <stdio.h>
main()
{
    char a= -25,b=93,c;
    unsigned char d= -25;
    c=a&b;printf("%d\n",c);
    c=a|b;printf("%d\n",c);
    c=a^b;printf("%d\n",c);
    c=~a;printf("%d\n",c);
    b=3;
```

```
    c=a>>b;printf("%d\n",c);
    c=d>>b;printf("%d\n",c);
    a=25;
    c=a>>b;printf("%d\n",c);
    c=a<<b;printf("%d\n",c);
}
```

程序运行结果为：

```
69
-1
-70
24
-4
28
3
-56
```

2.2.7 条件运算

条件运算符是 C 语言中唯一的三元运算符，用符号？：表示，它带有 3 个操作数，优先级为 13 级，结合规则为右结合，其书写一般形式为：

```
a? b: c
```

其计算方法是先计算 a，若 a 非 0，则选择 b 作为表达式值，否则若 a 为 0，则选择 c 作为表达式值，因此，条件运算又称为选择运算。

例 2.6 条件运算——输入两个整数，选择其中较大的数输出。

```
#include<stdio.h>
main()
{
    int a,b,c;
    scanf("%d%d",&a,&b);
    c=a>b?a:b;
    printf("%d",c);
}
```

程序运行结果为：

```
3 5↙              （箭头表示从键盘输入）
5
```

2.2.8 复合赋值运算

同赋值运算一样，复合赋值运算符也是二元运算符，运算级别为 14 级，结合规则为右结合。复合赋值运算符共有 10 个，其含义如表 2.7 所示。复合赋值运算与其他运算相结合时，应特别注意其运算优先级与结合规则。如表达式：

```
a/=b+c*d
```

相当于表达式

```
a=a/(b+c*d)
```

因为复合赋值运算符/=优先级别比+、*的优先级别低。

表 2.7　　复合赋值运算符

运算符	举例	意义	运算符	举例	意义
+=	a+=b	a=a+b	&=	a&=b	a=a&b
-=	a-=b	a=a-b	^=	a^=b	a=a^b
*=	a*=b	a=a*b	|=	a|=b	a=a|b
/=	a/=b	a=a/b	>>=	a>>=b	a=a>>b
%=	a%=b	a=a%b	<<=	a<<=b	a=a<<b

2.2.9*　逗号运算

逗号运算符是 C 语言中级别最低的运算符，15 级，结合规则为左结合。其一般形式如下：

```
e1, e2, e3, …, en
```

其功能为先计算表达式 e1，然后计算表达式 e2，再计算表达式 e3……最后计算表达式 en，其中表达式 en 的值为整个表达式的值。

例 2.7　逗号表达式。

```
#include  <stdio.h>
main()
{
   int a=5,b=3,c,d;
   d=(c=a++,c++,b*=a*c,b/=a*c);
   printf("%d\n",d);
   printf("a=%d b=%d c=%d\n",a,b,c);
}
```

在例 2.7 中的逗号表达式 c=a++,c++,b*=a*c,b/=a*c 中，先计算第一个表达式 c=a++得出 c 值为 5，a 值为 6；计算第二个表达式 c++后 c 值为 6，计算第三个表达式 b*=a*c 后，b 值为 108，计算第四个表达式 b/=a*c 后 b 值为 3。整个括号内表达式值为 3 赋给变量 d，因此，最后输出结果为：

```
3
a=6 b=3 c=6
```

2.2.10　其他运算 sizeof

sizeof 表示计算变量或表达式占用的存储空间大小，即字节数，其运算级别为 2 级，结合规则为右结合。

sizeof 计算类型占用字节数的形式为：sizeof(类型)

sizeof 计算变量占用字节数的形式有两种：sizeof(变量)

或　sizeof　变量

如有 int a,b;

则 sizeof(int)　　　sizeof　a　　　sizeof(a)

都是合法的表达式，在 VC++环境下，其值为 4。

2.2.11*　类型转换与类型转换规则

C 语言允许不同类型的数据进行混合运算，不同类型数据进行运算时需进行类型转换，C 语言类型转换分为 4 类，即算术运算类型转换、赋值转换、强制类型转换和输入/输出类型转换。

1. 算术运算类型转换

算术运算中，当两个运算数类型相同时，运算结果类型与原类型相同，当两个运算数类型不同时，运算结果类型为级别较高的数据类型。类型级别高低按下述规则进行。

低 ——————————→ 高

char ——→ int ——→ long ——→ float ——→ double

unsigned ——→ signed

即字符型向整型转换，整型向实数型转换，短型向长型转换，不带符号型向带符号型转换。因此表达式

```
5/2+3*4.5+2
```

的运算结果为 17.5，而不是 18。因为 5/2 时，除法运算符“/”两边运算数的类型都为整数，其运算结果类型也应为整数类型，其值当然为 2，而不是 2.5；乘法 3*4.5 两边运算数的类型不同，结果类型为级别高的类型，即实型，值为 13.5，整个表达式值为 17.5。如将上述表达式改写为：

```
5/2.0+3*4.5+2
```

此时，其运算结果为 18.0，而不是 17.5，请读者自行分析。

2. 赋值转换

执行赋值运算

```
变量 a=表达式 b
```

时，若 a、b 类型相同，则直接将 b 赋给 a 即可，若 a、b 类型不同，则需先将 b 的类型转换为 a 的类型后再赋值，这种类型转换，称之为赋值类型转换。赋值类型转换分为如下几种情况。

（1）不带符号整型数向带符号整型数转换。在 C 语言中，整型数据采用补码形式存放，因此当一个不带符号的整型数向带符号的整型数转换时，最高位为 1 时，当作符号位即负号来处理。例如：

```
unsigned  short a=65535;
short b;
b=a;
```

此时 b 的值为多少呢？

由于不带符号的数 a 在内存中占用两字节，并以补码形式存放，因此 a 的存储形式为：

11111111	11111111

将 a 赋给 b 后，b 的存储形式与 a 相同，但最高位是符号位，表示 b 为负数，即 b 值为−1（补码）。

（2）带符号整型数向不带符号整型数转换。带符号的整型数向不带符号整型数转换时，此时将最高位（符号位）也作为数值进行处理，因此若有：

```
unsigned short a;
short b=-1;
a=b;
```

因为此时 b 占两字节，二进制补码形式为 16 个 1，赋给 a 后，a 的 16 个位也都为 1，因此 a 的值为 65535。

（3）短整型向长整型转换。对于短整型向长整型转换时，扩展位部分补符号位。对于浮点型向双精度型转换时，不丢失精度。

例 2.8　符号位的扩展。

```
#include  <stdio.h>
main()
{
    short a=-1; long b; unsigned long c;
    b=a;        c=a;
    printf("a=%d b=%ld c=%lu\n",a,b,c);
}
```

程序运行结果为：

```
a=-1 b=-1 c=4294967295
```

（4）长整型向短整型转换。长整型数据占 4 个字节，数据取值范围大，短整型数据只占 2 个字节，数据取值范围小，因此，当长整型数据赋给短整型数据，转换时，只保留长整型数据的低 16 位部分，从而可能会引起数据的丢失，如图 2.2 所示。

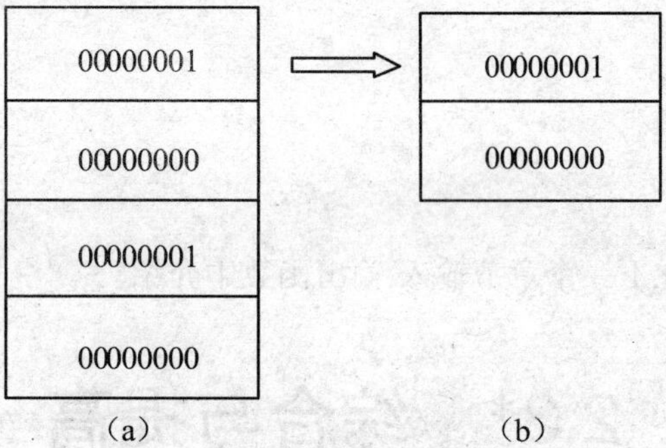

图 2.2　长整型赋给短整型示意图
（只保留数据的低字节部分）

例 2.9　长整型数据向短整型数据转换。

```
#include  <stdio.h>
main()
{
    long a=65537;short b;
     b=a;
     printf("a=%ld b=%d\n",a,b);
}
```

程序输出结果为：

```
a=65537 b=1
```

（5）浮点型向双精度型转换。这是等值转换。

（6）双精度型向浮点型转换。由于双精度数据有效数字一般为 16 位，浮点型数据有效数字一般为 7 位，所以将一个 double 型数据赋给 float 型变量时，仅前 7 位是有效数字。

例 2.10　双精度数据转换为浮点型数据。

```
#include<stdio.h>
main()
```

```
{
    double a=1.234567890123456789e18;
    float b=a;
    printf("a=%.20le\n",a);
    printf("b=%.20le\n",b);
}
```

程序输出结果为：

```
a=1.23456789012345680000e18
b=1.23456793955060940000e18
```

如果双精度数据范围超过浮点型数据取值范围，将引起数据的丢失，产生错误的输出结果。

3. 强制类型转换

强制类型转换的一般格式为：

（目标类型）表达式

其功能是将表达式类型转换为目标类型，其转换方法同赋值转换。

例如：

```
float  a=3.1;
int i;
i=(int)a;
```

则 i 的值为 3。

4. 输入/输出类型转换

输入/输出类型转换将在下一个章节输入/输出函数中介绍。

2.3* 综合与提高

2.3.1 本章重要概念

1. 常量与变量

常量是指在程序运行中，其数值不能被改变的量。变量是以某标识符为名字，其值可以改变的量。

2. 各运算符的运算规则、优先级别、结合规则、操作数类型、表达式类型

例如，运算符“%”左右操作数都必须是整数，其运算结果是两数的绝对值取余，加上第一个操作数的符号。

例如，逻辑与和逻辑或的优化运算，在多个&&运算符相连的表达式中，计算从左到右进行时，若遇到运算符左边的操作数为 0（逻辑假），则停止运算。在多个||运算符相连的表达式中，计算从左到右进行时，若遇到运算符左边的操作数为 1（逻辑真），则停止运算。

3. 数据类型转换的四种情况

2.3.2 常见错误

（1）注意'3'与 3 的区别：前者为字符常量，占一个字节，后者为整型常量，占两个字节；前者数值为 51，后者为 3；两个数据都可以参加四则运算。

（2）注意'A'与"A"的区别：前者为字符常量，占一个字节；后者为字符串常量，占两个字节，其中第一个字节存放字符'A'，第二个字节存放字符串结束标志'\0'。

（3）数学上的连续比较 5>3>2，在数学上是恒成立的。但在 C 语言中，上式却不成立，因为首先计算第一个大于号，其值为 1，而后计算第二个大于号时，成为计算 1>2，显然不成立，其值为 0。实际上，连续比较大小时，表示几个条件同时满足，因此若将上式改写为条件表达式

```
5>3&&3>2
```

后，则与数学上的连续比较含意相符，表达式也是成立的。

2.3.3　提高实践

编写程序，输入一个数字字符（'0'～'9'），并将其转换为相应的整数后显示出来。

```
main()
{
   char c;
   int i;
   printf("输入一个字符['0'～'9']:\n");
   scanf("%c",&c);
   i=c-48;
   printf("%d\n",i);
}
```

习　题

一、选择题

1. 在 C 语言中最基本的非空数据类型包括（　　）。
   A. 整型、浮点型、无值型　　B. 整型、字符型、无值型
   C. 整型、浮点型、字符型　　D. 整型、浮点型、双精度型、字符型
2. 在 C 语言中运算对象必须是整型的运算符是（　　）。
   A. %　　B. /　　C. =　　D. <=
3. 若已定义 x 和 y 为 int 类型，则执行了语句 x=1；y=x+3/2；后 y 的值是（　　）。
   A. 1　　B. 2　　C. 2.0　　D. 2.5
4. 若有以下程序段

```
int a=1,b=2,c;
c=1.0/b*a;
```

则执行后，c 的值是（　　）。
   A. 0　　B. 0.5　　C. 1　　D. 2
5. 能正确表示逻辑关系："a≥10 或 a≤0"的 C 语言表达式是（　　）。
   A. a>=10 or a<=0　　B. a>=0|a<=10
   C. a>=10 && a<=0　　D. a>=10||a<=0
6. 下列字符序列中，不可用作 C 语言标识符的是（　　）。
   A. xds426　　B. No.1　　C. _ok　　D. zwd

7. 在 printf( )函数中，反斜杠字符'\'表示为（　　）。

A. \'　　B. \0　　C. \n　　D. \\

8. 设先有定义：

```
int a=10;
```

则表达式 a+=a *=a 的值为（　　）。

A. 10　　B. 100　　C. 1000　　D. 200

9. 设先有定义：

```
int a=10;
```

则表达式(++a)+(a --)的值为（　　）。

A. 20　　B. 21　　C. 22　　D. 19

10. 有如下程序

```
#include <stdio.h>
main( )
{
    int y=3,x=3,z=1;
    printf("%d  %d\n",(++x,y++),z+2);
}
```

运行该程序的输出结果是（　　）。

A. 3　4　　B. 4　2　　C. 4　3　　D. 3　3

11. 假定 x、y、z、m 均为 int 型变量，有如下程序段：

```
x=2; y=3; z=1;
m=(y<x)?y: x;
m=(z<y)?m:y;
```

则该程序运行后，m 的值是（　　）。

A. 4　　B. 3　　C. 2　　D. 1

12. 以下选项中合法的字符常量是（　　）。

A. "B"　　B. '\010'　　C. 68　　D. D

13. 设 x=3,y=4,z=5，则表达式((x+y)>z)&&(y==z)&&x||y+z&&y+z 的值为（　　）。

A. 0　　B. 1　　C. 2　　D. 3

14. 如果 a=1,b=2,c=3,d=4，则条件表达式 a<b?a:c<d?c:d 的值为（　　）。

A. 1　　B. 2　　C. 3　　D. 4

15. 设 int m=1,n=2; 则 m++==n; 的结果是（　　）。

A. 0　　B. 1　　C. 2　　D. 3

二、填空题

1. 表达式 10/3 的结果是＿＿【1】＿＿；10%3 的结果是＿＿【2】＿＿。

2. 执行语句：int a=12;a+=a-=a*a;后的值是＿＿【3】＿＿。

3. 以下程序的执行结果是＿＿【4】＿＿。

```
#include<stdio.h>
main( )
{
    int a,b,x;
    x=(a=3,b=a--);
```

```
    printf("x=%d,a=%d,b=%d\n",x,a,b);
}
```

4. 以下程序的执行结果是＿＿＿＿【5】＿＿＿＿。

```
#include<stdio.h>
main( )
{
    float f1,f2,f3,f4;
    int m1,m2;
    f1=f2=f3=f4=2;
    m1=m2=1;
    printf("%d\n",(m1=f1>=f2)&&(m2=f3<f4));
}
```

5. 以下程序的执行结果是＿＿＿＿【6】＿＿＿＿。

```
#include<stdio.h>
main()
{
    float f=13.8;
    int n;
    n=(int)f%3;
    printf("n=%d\n",n);
}
```

6. 以下语句的输出结果是＿＿＿＿【7】＿＿＿＿。

```
short b=65535;
printf("%d",b);
```

三、简答题

1. 字符常量和字符串常量有何区别?
2. 简述转义字符的用途并举实例加以说明。
3. 简述数据类型转换规则并举实例加以说明。
4. 简述输入/输出函数中“格式字符串”的作用。

第 3 章 顺序结构程序设计

程序中的语句通常分为顺序结构、选择结构和循环结构。顺序结构是最基本的控制结构，其包含的语句是按照书写的顺序执行的，且每条语句都将被执行。下面将介绍 C 语言中的基本语句。

3.1　C 语言的基本语句

C 语言的语句可分为以下 4 种。

简单语句（包括输入/输出语句）；

复合语句；

空语句；

流程控制语句。

本章将介绍前两种语句。

3.1.1　简单语句

1. 表达式语句

由一个表达式加上一个分号构成。

例如：

```
A++;
x=1;
p+=q*4+5;
y=4>2?6:1;
```

2. 函数调用语句

由函数调用表达式加分号构成。

例如：

```
printf("%d",a);
scanf("%f",&b);
```

C 语言有丰富的标准函数库，可提供各类函数供用户调用，完成预先设定好的操作。

例如，调用标准库函数求数学函数值：sin(x)、cos(x)、exp(x)（求 e^x）、fabs(x)（求 x 的绝对值）、log(x)等。

调用标准库函数要注意：在程序中要包含相应的头文件。

例如：

```
#include<stdio.h>
#include<math.h>
```

调用规则：函数名(参数表)

例如：　y=sin(1.7);

　　　　x=pow(3,18);（指数函数，x 的 y 次幂 p358）

如数学表达式 $y=|3\sin x+4\cos x|+e^x$ 可以用 C 语言表达式表示为：

```
y=fabs(3*sin(x)+4*cos(x))+exp(x);
```

其中，fabs,sin,cos,exp 都属于头文件 math.h，用到这些函数，必须在程序的预处理语句中用 #include<math.h>把数学函数库包含进来。

3.1.2　复合语句

用一对花括号，把若干条语句括起来，就形成了一条复合语句。形式如下：

```
{
  语句 1;
  …
  语句 n;
}
```

花括号中的语句，可以是简单语句、空语句、复合语句、流程控制语句，所有这些语句括在一起，在语法上看成是一条语句，执行时顺序执行花括号中的每条语句。复合语句多用于流程控制语句中。

3.2　数据的输入与输出

所谓输入输出是以计算机主机为主体而言的。从计算机输出设备向外部输出数据称为“输出”，从输入设备向计算机输入数据称为“输入”。

C 语言函数库中有一批“标准输入输出函数”，它是以标准的输入输出设备为输入输出对象的。其中包含：putchar（输出字符）、getchar（输入字符)、printf（格式输出）、scanf（格式输入）、puts（输出字符串）、gets（输入字符串）。本章介绍前面 4 个最基本的输入输出函数。

3.2.1　putchar()函数（单个字符的输出）

putchar()函数的作用是向终端输出一个字符。其基本格式是：putchar(ch);　或 putchar(i);

其中 ch 可以是一个字符变量或字符常量，也可以是一个转义字符。当参数为整数 i 时，将输出 i 所对应的字符。

说明

（1）putchar()函数只能用于单个字符的输出，且一次只能输出一个字符。另外，从功能角度来看，printf()函数可以完全代替 putchar()函数。

（2）在程序中使用 putchar()函数，务必牢记：在程序（或文件）的开头加上编译预处理命令，即：#include" stdio.h" 或#include <stdio.h>，表示要使用的函数，包含在标准输入输出（stdio.h）头文件中。

3.2.2　getchar()函数（单个字符的输入）

getchar()函数的作用是从终端（或系统隐含指定的输入设备）输入一个字符。getchar 函数没有参数，其一般形式为：getchar()。

函数的值就是从输入设备得到的字符。

说明

（1）getchar()函数只能用于单个字符的输入，一次输入一个字符。从功能角度来看，scanf( )函数可以完全代替 getchar()函数。

（2）程序中要使用 getchar()函数，必须在程序（或文件）的开头加上编译预处理命令：`#include "stdio.h"` 或 `#include <stdio.h>`

3.2.3 printf( )函数

printf()函数的作用是向计算机系统默认的输出设备（一般指终端或显示器）输出一个或多个任意类型的数据。

printf()函数的一般格式如下：

```
printf("格式字符串" [, 输出项表]);
```

1. 格式字符串

“格式字符串”也称“转换控制字符串”，可以包含三种字符。

（1）格式说明，由“%”和格式字符组成，如%d，%f 等，它的作用是将输出的数据转换为指定的格式输出。格式说明总是由“%”字符开始的。

常用的格式字符及其含义如表 3.1 所示。

表 3.1　　printf 函数格式字符表

格式字符	意义	格式字符	意义
c	字符	s	字符串
d	带符号十进制整数	u	无符号十进制整数
i	带符号十进制整数	x	无符号十六进制整数（小写 x）
f	十进制浮点数	X	无符号十六进制整数（大写 X）
e	科学表示（用 e 表示指数部分）	o	无符号八进制整数，表示字母“O”不是数字零
E	科学表示（用 E 表示指数部分）	p	指针
g	e 或 f 中选择短格式	n	已输出的字符数
G	E 或 f 中选择短格式	%	输出%号

· 格式字符 d——以带符号的十进制形式输出整数。

%d 表示以实际长度输出整数；%5d 表示输出数据宽度为 5，数据的实际长度小于指定宽度时则输出数据左补空格，若指定宽度小于实际数据宽度，以数据的实际宽度输出；%-5d 表示输出数据宽度为 5，-表示左对齐，数据的实际长度小于指定宽度时再输出数据右补空格；%ld 表示以实际长度输出长整型数据；%8ld 表示输出数据宽度为 8，数据的实际长度小于指定宽度时则输出数据左补空格，指定宽度小于实际数据宽度时以数据的实际宽度输出。

对于整数，还可用八进制无符号形式（%o(小写字母 o)）和十六进制无符号形式（%x）输出。对于 unsigned 型数据，也可用%u 格式符，以十进制、无符号形式输出。

所谓无符号形式是指不论正数还是负数，系统一律当作无符号整数来输出。

例如，语句“printf("%d,%o,%x\n",-1,-1,-1);”的输出结果是：-1,177777，ffff。

· 格式字符 c——输出一个字符（只占一列宽度）。

类型转换字符 c 表示输出一个字符型数据。

%c 表示输出一个字符型数据，输出数据占一列宽度，%4c 表示输出的字符型数据占 4 列宽度，其中左侧为 3 个空格，第 4 列为指定字符。

需要强调的是：在 C 语言中，整数可以用字符形式输出，字符型数据也可以用整数形式输出。将整数用字符形式输出时，系统将整数作为 ASCII 码，转换成相应的字符输出。

· 格式字符 s——输出一个字符串。

类型转换字符 s 表示输出一个字符串。

%-m.ns 的含义如下：m 表示输出字符串的宽度，n 表示截取字符串左侧的 n 个字符，若 m、n 省略，则表示以实际形式输出字符串；若 m 小于字符串宽度，则 m 不起作用，以实际宽度输出字符串；若 m 大于字符串宽度，则输出数据右对齐，左补空格；若 m 小于 n，则 m 不起作用，输出字符串左侧的 n 位字符；格式中“-”表示若 m 大于字符串宽度，则输出字符串左对齐，右补空格。

注意 系统输出字符和字符串时，不输出单引号和双引号。

· 格式字符 f——以小数形式、按系统默认的宽度，输出单精度和双精度实数。

%f 表示将数据以小数形式，按系统默认的宽度（小数点后保留 6 位）输出单精度实数；%10f 表示将数据以小数形式，按指定的宽度（输出数据宽度为 10，小数点后 6 位）输出单精度实数，若数据实际宽度小于指定宽度，故在左侧补空格；%10.3f 表示将数据以小数形式，按指定的宽度（输出数据宽度为 10，小数点后 3 位）输出单精度实数，若数据实际宽度小于指定宽度，则在左侧补空格；%-12.2f 表示将数据以小数形式，按指定的宽度（输出数据宽度为 12，小数点后 2 位）输出单精度实数，-表示输出数据左对齐，宽度不够则在输出数据右侧补空格。%.2f 则表示小数部分占 2 位，整数部分保持默认宽度输出。

对于实数，也可使用格式符%e，以标准指数形式输出：尾数中的整数部分大于等于 1、小于 10，小数点占一位，尾数中的小数部分占 6 位；e 占 1 位，指数符号占 1 位，指数部分占 3 位，共计 13 位。

也可使用格式符%g，让系统根据数值的大小，自动选择%f 或%e 格式、且不输出无意义的零。

使用说明：

（1）printf()可以输出常量、变量和表达式的值。

（2）格式字符 x、e、g 可以用小写字母，也可以用大写字母。使用大写字母时，输出数据中包含的字母也大写。除了 x、e、g 格式字符外，其他格式字符必须用小写字母。例如，%f 不能写成%F。

（3）格式字符紧跟在“%”后面就作为格式字符，否则将作为普通字符使用（原样输出）。例如，“printf("c=%c, f=%f\n", c, f);”中的第一个 c 和 f，都是普通字符。

（4）转义字符：转义字符又称反斜线字符，这些字符常量总是以一个反斜线开头后跟一个特定的字符代表某一个特定的 ASCII 字符，这些字符常量也必须括在一对单引号内。如 printf()函数中的'\n'就是转义字符，输出时产生一个“换行”操作。

（5）普通字符——除格式指示符和转义字符之外的其他字符。格式字符串中的普通字符，原样输出。

2. 输出项表

输出项表是可选的。如果要输出的数据不止 1 个，相邻 2 个之间用逗号分开。下面的 printf() 函数都是合法的：

```
printf("I am a student.\n");
printf("%d",3+2);
printf("a=%f  b=%5d\n", a, a+3);
```

3.2.4 scanf( )函数

scanf()函数是用来从外部输入设备向计算机主机输入数据的。在程序中给计算机提供数据，可以用赋值语句，也可以用输入函数。在 C 语言中，可使用 scanf()函数，通过键盘输入，给计算机同时提供多个、任意的数据。

scanf()函数的一般格式如下：

```
scanf("格式字符串", 输入项首地址表);
```

1. 格式字符串。格式字符串可以包含 3 种类型的字符：格式指示符、空白字符（空格、Tab 键和回车键）和普通字符。

格式指示符与 printf()函数相似，空白字符作为相邻 2 个输入数据的缺省分隔符，普通字符在输入有效数据时，必须原样一起输入。

2. 输入项首地址表——由若干个输入项首地址组成，相邻 2 个输入项首地址之间，用逗号分开。

输入项首地址表中的地址，可以是变量的首地址，也可以是字符数组名或指针变量。

变量首地址的表示方法：&变量名。

其中“&”是地址运算符。例如，“&radius”是指变量 radius 在内存中的首地址。

3. 使用 scanf()函数时应注意的问题：

（1）scanf()函数中的“格式控制”后面应当是变量地址，而不是变量名。例如，如果 a,b 是整型变量，则 scanf("%d,%d",a,b)；是不对的，应将“a,b”改为“&a,&b”，这是 C 语言与其他高级语言的不同之处。

（2）如果在“格式控制”字符串中除了格式说明以外还有其他字符，则在输入数据时应在对应位置输入这些字符。例如：`scanf("%d,%d",&a,&b);`

输入时应用形式：3,4↙

如果是 scanf("%d□%d",&a,&b);

则输入时两个数据间应空一个或更多个空格字符。如：

3□4↙ 或 3□□□□4↙

（3）如果相邻两个格式指示符之间，不指定数据分隔符（如逗号、冒号等），则应在输入第一个数后，至少用一个空格，或者 Tab 键，或者按回车，再输入下一个数。

例如：`scanf ("%d%d",&num1,&num2);`

假设给 num1 输入 12，给 num2 输入 36，则正确的输入操作为：

12□36↙　　或者：12↙

　　　　　　　　36↙

（4）在用“%c”格式输入字符时，空格字符和“转义字符”都作为有效字符输入。

例如：`scanf ("%c%c%c",&c1,&c2,&c3);`

如果从键盘输入 a□b□c↙，则字符'a'赋给 c1，字符'□'赋给 c2，字符'b'赋给 c3。因为%c 只要求读入一个字符，后面不需要用空格作为两个字符的间隔空格，因此空格作为下一个字符赋给 c2。

例如：`scanf ("num1=%d,num2=%d\n",&num1,&num2);`

假设给 num1 输入 12，给 num2 输入 36，正确的输入操作为：

num1=12，num2=36\n↙

因为在 scanf()函数中、格式字符串内的转义字符（如\n）系统并不把它当转义字符来解释，从而产生一个控制操作，而是将其视为普通字符，所以也要原样输入。

（5）对 unsigned 型变量所需的数据，可以用%u，%d 或%o，%x 格式输入。

（6）可以指定输入数据所占列数，系统自动按它截取所需数据。

例如：`scanf("%3d%3d",&a,&b);`

输入 123456，系统自动将 123 赋给 a，456 赋给 b。

此方法也可用于字符型，例如，scanf("%3c",&ch);

如果从键盘上连续输入 3 个字符 abc，由于 ch 只能容纳一个字符，系统就把第一个字符'a'赋给 ch。

（7）如果在%后有一个“*”附加说明符，表示跳过它所指定的列数。

例如：`scanf("%2d□%*3d□%2d",&a,&b);`

如果从键盘输入以下信息：12□345□67

则将 12 赋给变量 a，%*3d 表示读入 3 位整数但不赋给任何变量，然后再读入 2 位整数 67 赋给 b，也就是说第 2 个数据“345”被跳过。在利用现成的一批数据时，有时不需要其中某些数据，可用此法跳过它们。

（8）输入数据时不能规定精度。

例如：`scanf("%7.2f",&a);`

运行时，输入：1234567

这是不合法的，不能企图用这样的 scanf 函数并输入以上数据而使 a 的值为 12345.67。

3.3*　综合与提高

3.3.1　本章重要概念

1. 字符输入输出函数

putchar()函数只能用于单个字符的输出，且一次只能输出一个字符。getchar( )函数只能用于单个字符的输入，一次输入一个字符。

2. 普通输入输出函数

printf()函数的格式字符规则、输出形式；scanf()函数的格式字符形式、输入注意事项（尤其是字符的输入）。Scanf()函数的输入地址列表的格式。

3.3.2　常见错误

1. printf（“格式字符串”，输出项表）中的格式指示符，必须与“输出项表”中输出项的数据类型相容，否则会引起输出错误。

2. 格式字符除了 x、e、g 格式字符外，其他格式字符必须用小写字母。例如，%f 不能写成%F。

3. printf（“格式字符串”，输出项表）中的格式控制中的格式说明符，必须按从左到右的顺序，与输出项表中的每个数据一一对应，否则会出错。例如，printf("str=%s, f=%d, i=%f\n", "Internet", 1.0 / 2.0, 3 + 5, "CHINA");是错误的。

4. 例如 scanf(“%d,%d”,&a,&b)；输入时应用以下形式：3,4↙。

注意 3 后面应是逗号，它与 scanf()函数中的“格式控制”中的逗号对应。此时不用逗号而用空格或其他字符是不对的。

3□4↙　　（不对）

3:4↙　　（不对）

3.3.3 提高实践

例 3.1 输入圆的半径，输出圆的周长和面积。

解题思路：

1. 定义实型变量 r、l、s 用于存放半径、周长、面积；
2. 调用输入函数，输入 r;
3. 分别利用周长公式和面积公式求出 l、s；
4. 调用输出函数输出 l、s。

程序如下：

```
#include <stdio.h>
 main()
{
  float r, l, s;
  scanf("%f", &r);
  l = 2 * 3.14159 * r;
  s = 3.14159 *r * r;
  printf("\n l=%.4f", l);
  printf("\n s=%.4f", s);
}
```

例 3.2 阅读程序，完成如下工作。

（1）上机编辑、调试程序。

（2）运行以下程序，在键盘上如何输入数据，才能使得变量 a=10，b=20，cl="A"，c2="a"，x=1.5，y=-3.75，z=67.8。

程序如下：

```
#include <stdio. h>
main( )
{
int  a, b;
float  x, y, z;
char  c1, c2;
scanf("%5d%5d%c%c", &a, &b, &c1, &c2);
scanf("%f%f%*f,%f", &x, &y, &z);
}
```

应输入如下：10□□□20Aa□1.5□−3.75□12.2（随机）,67.8↙

习　　题

一、选择题

1. 结构化程序模块不具有的特征是（　　）。

   A. 只有一个入口和一个出口

   B. 要尽量多使用 goto 语句

   C. 一般有顺序、选择和循环 3 种基本结构

   D. 程序中不能有死循环

2. 下列（　　）是正确的赋值语句。

   A. 10=K;　　B. K=K*15

   C. K+47=K　　D. K=7=6+1

3. C 语言程序总是从（　　）开始执行。

   A. 第一条语句　　B. 第一个函数

   C. main 函数　　D. #include <stdio.h>

4. 设有 int y=0; ，执行语句 y=5，y*2;后变量 y 的值是（　　）。

   A. 0　　B. 5　　C. 10　　D. 20

5. 设有 float a=7.5,b=3.0; ，则表达式（int）a/(int)b 的值（　　）。

   A. 2.4　　B. 2.5　　C. 3　　D. 2

6. 以下能正确判断字符型变量 k 的值是小写字母的表达式是（　　）。

   A. k>=a || k<=z　　B. k>='a' || k<='z'

   C. k>="a" && k<="z"　　D. k>='a' && k<='z'

7. 对下面的程序，描述正确的是（　　）。

```
#include"stdio.h"
void main()
{
   int x=3,y=5;
   if  (x=y-4)   printf("*");
   else  printf("#");
}
```

   A. 有语法错误

   B. 输出*

   C. 可以通过编译，但是不能通过连接，因而不能运行

   D. 输出#

8. 以下程序的运行结果为（　　）。

```
#include <stdio.h>
main( )
{
   int sum,pad;
   sum=pad=5;
   pad=sum++;
```

```
    pad++;
    ++pad;
    printf("%d\n", pad);
}
```

A. 7　　B. 6　　C. 5　　D. 4

9. 以下程序的运行结果为（　　）。

```
#include <stdio.h>
main()
{
    int a=2,b=10;
    printf("a=%%d,b=%%d\n", a,b);
}
```

A. a=%2,b=%10　　B. a=2,b=10

C. a=%%d,b=%%d　　D. a=%d,b=%d

二、填空题

1. 下面程序的功能是计算 n!。

```
#include <stdio.h>
main ( )
{
    int  i, n;
    long  p;
    printf ("Please input a number:\n");
    scanf ("%d", &n);
    p=_____【1】_____;
    for (i=2; i<=n; i++)
    _____【2】_____;
    printf("n!=%ld", p);
}
```

2. 设有 int a=65;，执行语句 printf("%x\n",a);后的输出结果是_____【3】_____。

3. 已知 char c='d';，则 printf("%c",'A'+('e'-c));的输出结果是_____【4】_____。

4. 已知字符'A'的 ASCII 码值为十进制 65，则执行语句 printf("%d", 'A'+2);后，输出结果是_____【5】_____。

三、编程题

从键盘输入一个小写字母，用大写形式输出该字母。

第 4 章 选择结构程序设计

一个较实用的 C 语言程序，只靠顺序执行的语句是不行的，它必须根据实际问题的要求，按照处理的逻辑顺序来执行语句，或越过某些语句，或反复执行某些语句，这就需要（条件）分支语句和循环语句。本章和第 5 章将分别介绍流程控制结构：分支结构和循环结构。C 语言中的选择语句有两种：if 选择语句和 switch 选择语句。

4.1 二分支选择结构

if 语句是用来判定给定的条件是否满足，根据判定的结果（真或假）决定执行给出的两种操作之一。先来看这样一个问题，计算分段函数：

$$y=\begin{cases} x-5 & x\leqslant 0 \\ \dfrac{5}{x} & x>0 \end{cases}$$

求解问题的流程如下：

（1）输入 x；

（2）如果 $x\leqslant 0$，则 $y=x-5$；否则 $y=5/x$；

（3）输出 y 的值。

要完成该问题的计算，显然程序的流程必须由 x 的值确定。像这样的流程要根据某个变量或表达式的值做出判定，以决定执行某个模块和跳过某个模块，这就需要用选择语句。

4.1.1 二分支结构选择语句

1. if～else 二分支选择语句

基本形式为：

```
if（表达式）
    语句 1;
else
    语句 2;
```

若表达式为非 0（即条件判断为真），则执行 if 后面的语句 1，而不执行语句 2；否则（即条件判断为假），则越过语句 1，执行 else 后面的语句 2，其 N-S 图如图 4.1 所示。其中的语句 1、语句 2 都是单一的逻辑语句，若语句 1、语句 2 不是单一的逻辑语句，则必须用花括号括起来形成复合语句。

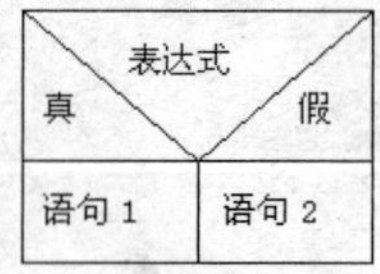

图 4.1 if～else 的 N-S 图

在条件控制语句中，人们习惯把圆括号内的表达式叫作条件表达式。其中 if 和 else 是关键字。

例如，要求当 x≥0 时，输出“x>=0”，否则输出“x<0”，应写成：

```
if(x>=0)
   printf("x>=0\n");
else
   printf("x<0\n");
```

则当 x≥0 时，系统输出“x>=0”，然后越过 else 子句，继续往下执行。

2. 使用 if 语句时的注意事项

（1）if 语句中的条件一般是条件表达式或逻辑表达式，它们必须放在圆括号内。例如，下面的语句可以用来测试一个字符是不是数字：

```
if('0'<=c&&c<='9')
   printf("%c 是一个数字\n",c);
else
   printf("%c 不是一个数字\n",c);
```

下面的语句可以用来测试一个字符是不是一个大写字母：

```
if('A'<=c&&c<='Z')
   printf("%c 是一个大写字母\n",c);
else
   printf("%c 不是一个大写字母\n",c);
```

下面的语句可以测试 x 是否满足 0<x<10 来计算 y 值：

```
if(0<x && x<10)
   y=10*x;
```

（2）因为 C 语言中没有逻辑型变量，这里只是测试表达式的值是否为 0，所以可以将

```
if(表达式!=0)
```

简化为：

```
if(表达式)
```

（3）if 或 else 后的语句可以是一个简单语句，也可以是由几个简单语句组成的复合语句。若是复合语句，则必须用花括号括起来。

```
if(x%2==0)
{
   sum1=sum1+x;
   n1++;
}
else
{
   sum2=sum2+x;
   n2++;
}
```

（4）要注意赋值运算符（=）与关系运算符（==）的区别。

if(a=b)和 if(a= =b)都是合法的语句，但它们的含义不同：前者先将 b 的值赋给 a，然后判断 a 的值是否为 0；若 a 的值为非 0，则关系成立；后者直接判断变量 a、b 的值是否相等，若相等，则关系成立。但两者仅仅是多一个等号或少一个等号的区别，且都是合法的表达式，系统编译时不会出错，但运算结果会不同。

因此，几种常见的 if 表达式的写法如下。

（1）if(!a)　　判断变量 a 的值是否为 0。

（2）if(x>=0&&x<=10)　　当 x 位于区间[0，10]上，逻辑表达式为真。

（3）if(x>0 || y<10)　　只要一个关系表达式成立，if 表达式的值为真。

（4）if(x>0,y>10)　　括号内为逗号表达式，故最后一个表达式（y>10）的值是整个条件表达式的值。若关系表达式 y>10 成立，则 if 表达式为真。

例 4.1　求两个整数 x、y 中较大的数，并赋给变量 max。

解题思路：x、y 值由输入函数输入，根据其大小判断，大的赋给 max 变量。其 N-S 图如图 4.2 所示。

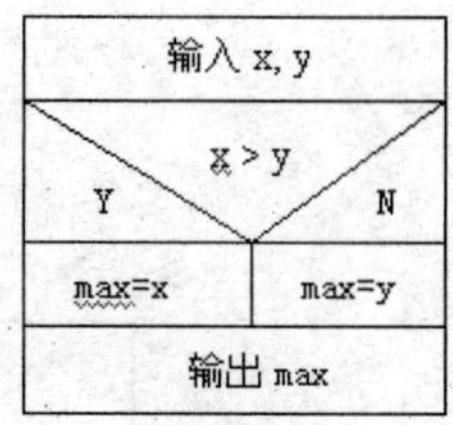

图 4.2　例 4.1 的 N-S 图

可以编写如下程序。

```
#include  <stdio.h>
main( )
{
   int  x,y, max;
   printf("Input x,y=");
   scanf("%d,%d",&x,&y);
   if(x>y)
      max=x;
   else
      max=y;
   printf("Max=%d\n",max);
}
```

4.1.2　不平衡 if 结构

不平衡 if 结构的基本形式如下：

```
if(表达式)  语句;
```

若表达式为非 0（即条件判断为“真”），则执行 if 后面的语句；否则（即条件判断为“假”），顺序执行 if 语句下一条语句。其 N-S 图如图 4.3 所示。

例 4.2　设计一个程序，从键盘输入 3 个整数，按由小到大的顺序输出。

解题思路：3 个整数 x、y、z，两两比较，始终保持 x 的值最小，z 的值最大，不满足此条件，则其值进行交换。其 N-S 图如图 4.4 所示，可以编写出程序如下：

```
#include  <stdio.h>
main( )
{
   int x,y,z,temp;
   printf("Input x,y,z=");
   scanf("%d,%d,%d",&x,&y,&z);
   if(x>y)
```

```
    {
        temp=x; x=y; y=temp;
    }
    if(x>z)
    {
        temp=x; x=z;z=temp;
    }
    if(y>z)
    {
        temp=y; y=z; z=temp;
    }
    printf("%d,%d,%d\n",x,y,z);
}
```

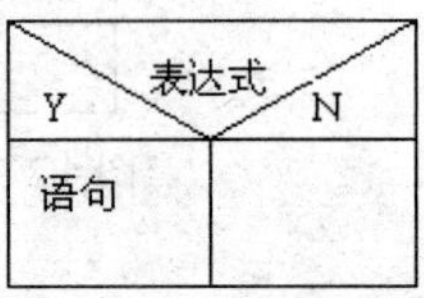

图 4.3　不平衡 if 结构的 N-S 图

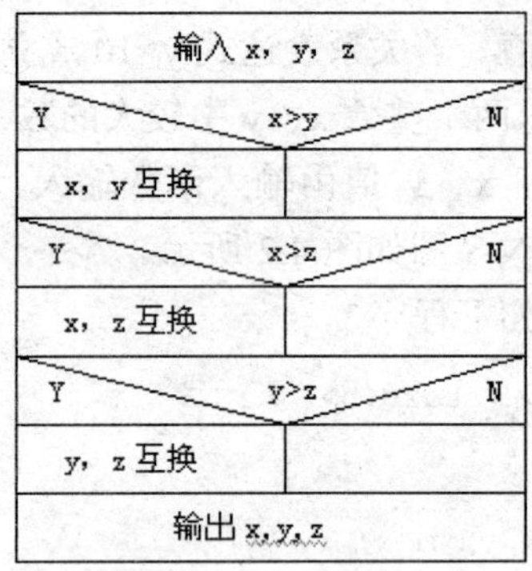

图 4.4　例 4.2 的 N-S 图

例 4.3　求一元二次方程 $ax^2+bx+c=0$（a 不为 0）的解。

解题思路：对于任意输入的 3 个数 a、b、c（a 不等于 0），有如下 3 种可能。

（1）$b^2-4ac>0$ 有两个不相等的实根。

（2）$b^2-4ac=0$ 有两个相等的实根。

（3）$b^2-4ac<0$ 有两个共轭虚根。

用 if 语句编程如下：

```
#include  <stdio.h>
#include <math.h>
main()
{
    float a,b,c,d,x1,x2;
    printf("Input a,b,c=");
    scanf("%f,%f,%f",&a,&b,&c);
    d=b*b-4*a*c;
    if(d>1e-6)                          /*用 10⁻⁶ 作判别式的"0"值*/
    {
        x1=(-b+sqrt(d))/(2*a); x2=(-b-sqrt(d))/(2*a);
        printf("The equation has distinct real roots:%6.2f and %6.2f\n",x1,x2);
    }
    if(fabs(d)<1e-6)
    {
        x1=x2= -b/(2*a);
        printf("The equation has two equal roots:%6.2f\n",x1);
    }
```

```
    if(d<-(1e-6))
    {
       x1= -b/(2*a); x2= sqrt(-d)/(2*a);
       printf("The equation has two complex roots:");
       printf("%6.2f+I%6.2f and %6.2f-I%6.2f\n",x1,x2,x1,x2);
    }
}
```

4.1.3　if 语句的嵌套

C 语言允许 if 语句嵌套使用，通常，if 语句的嵌套有两种形式。

1. 不平衡 if 嵌套结构

下面是不平衡 if 嵌套结构的一种典型形式。

```
if(表达式 1)
{
   if(表达式 11)
      语句 11;
   else
      语句 12;
}
```

在这种形式的 if 嵌套中，若表达式 1 为“假”，则跳过花括号中的所有语句，去执行该复合语句下面的语句；若表达式 1 为“真”，则进一步去判断表达式 11，若表达式 11 也为“真”，则执行语句 11，然后越过 else 子句，去执行该复合语句下面的语句，若表达式 11 为“假”，则跳过语句 11，而去执行语句 12，然后去执行该复合语句下面的语句。其执行流程的 N-S 图如图 4.5 所示。

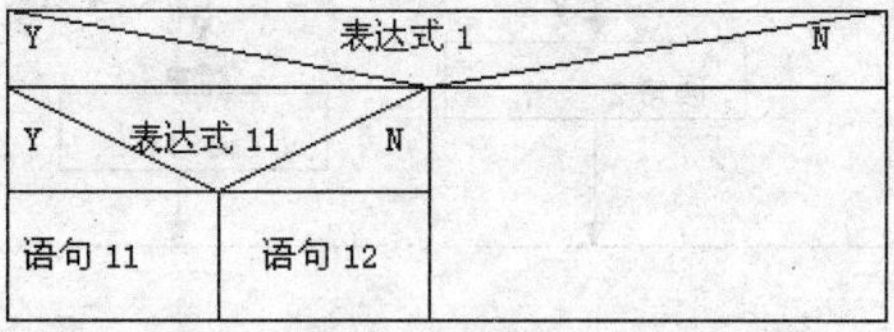

图 4.5　不平衡 if 嵌套结构的 N-S 图

例 4.4　从键盘输入一整数 x，判断 x 是不是含有因子 5 的正整数，如是，则输出“YES”，否则输出“NO”。

程序如下：

```
#include  <stdio.h>
main()
{
   int x;
   scanf("%d",&x);
   if(x>0)
   {
      if(x%5 == 0)
         printf("YES\n");
      else
         printf("NO\n");
   }
}
```

2. 多分支嵌套结构

二分支语句中语句 2 的复合化可实现多分支结构，其中语句 2 本身又是一个不平衡 if 结构。

（1）形式为：

```
if（表达式 1）
    语句 1;
else
    if（表达式 2）
        语句 2;
    else
        …
            if（表达式 n）
                语句 n;
            else
                语句 n+1;
```

（2）执行过程为：若表达式 1 的值不为 0，则执行语句 1，然后越过所有的 else 子句，去执行 if 语句的下一个语句；若表达式 1 的值为 0，则判断表达式 2 的值是否为 0，若其值不为 0，则执行语句 2，然后越过它下面的所有 else 子句，去执行 if 语句下的语句；若表达式 2 的值为 0，则再判断下一个 if 语句的条件表达式……；若表达式 1，表达式 2……，表达式 n 的结果都为 0，则执行语句 n+1。其流程图如图 4.6 所示。

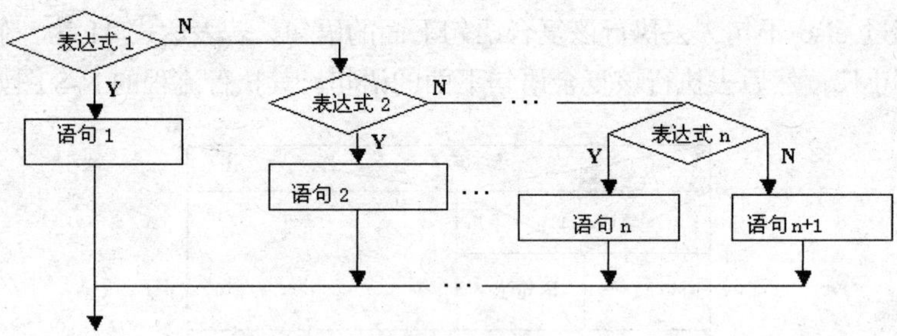

图 4.6 多分支嵌套结构的流程图

例 4.5 计算下列分段函数的值：

$$y=\begin{cases} x & x<0 \\ e^x & 0\leqslant x<1 \\ \log_{10} x & 1\leqslant x<10 \\ \sin x & \geqslant 10 \end{cases}$$

其 N-S 图如图 4.7 所示，程序如下：

```
#include <stdio.h>
#include <math.h>
main( )
{
    float x,y;
    scanf("%f",&x);
    if(x<0)
        y=x;
```

```
    else
        if(x<1)
            y=exp(x);
        else
            if(x<10)
                y=log10(x);
            else
                y=sin(x);
    printf("Y=%6.2f\n",y);
}
```

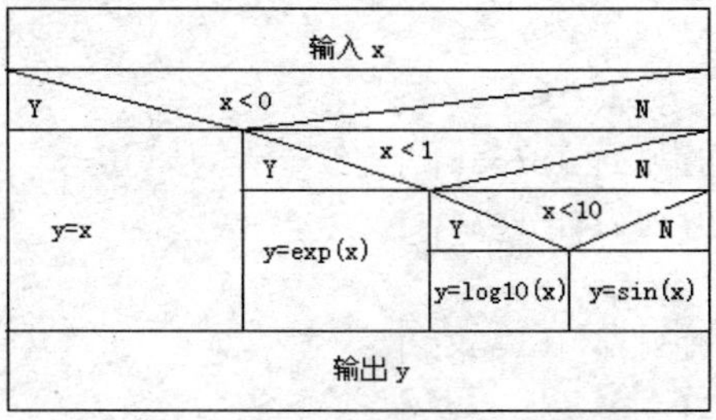

图 4.7　例 4.5 的算法 N-S 图

在 if 嵌套语句中，应注意以下两点。

（1）else 语句要有 if 语句与之匹配，在同一个模块内，else 总是与其前面最近的、没有匹配过的 if 语句相匹配。

（2）if 后的表达式可以是关系表达式、逻辑表达式。if 和 else 关键字后的语句可以是单语句；也可以是复合语句，这与单 if 语句相同。

例 4.6　从键盘输入一学生成绩，判断学生成绩等级。如果成绩在 90～100 分，等级为“A”；成绩在 80～89 分，等级为“B”；成绩在 70～79 分，等级为“C”；成绩在 60～69 分，等级为“D”；成绩小于 60 分，等级为“E”。

程序如下：

```
#include <stdio.h>
main( )
{
    int score;
    char grade;
    scanf("%d",&score);
    if(score<60)
        grade='E';
    else
        if(score<70)
            grade='D';
        else
            if(score<80)
                grade='C';
            else
                if(score<90)
                    grade='B';
                else
                    grade='A';
    printf("The student's score is:%c\n",grade);
}
```

4.2 多分支结构

除了 if 嵌套语句可以实现多分支结构以外，switch 语句也可以实现多分支结构。它根据一个表达式的值，与多个常量表达式的值一一比较，如果相等，则与之相应的语句便会被执行。

4.2.1 switch 语句的一般形式

```
switch (表达式)
{
    case 常量表达式 1：语句序列 1；[break；]
    case 常量表达式 2：语句序列 2；[break；]
      …
    case 常量表达式 n：语句序列 n；[break；]
    [default：语句序列 n+1；]
}
```

其中：语句序列称为 switch 语句的子语句；switch 语句中的表达式称为开关控制表达式。方括号内的语句可缺省，视具体情况而定。

4.2.2 switch 语句的执行过程

（1）计算 switch 语句后面表达式的值。

（2）逐个比较表达式的值与 case 后面常量表达式的值是否相等。

（3）当表达式的值与常量表达式 i 的值相等时，就转去执行语句序列 i 的各个语句，若语句序列 i 后有 break 语句，则终止 switch 语句，继续执行 switch 语句后的下一条语句；当语句序列 i 后无 break 语句，则会顺序执行语句序列 i+1、语句序列 i+2……直到遇到 break 语句或语句序列 n+1 为止，然后继续执行 switch 语句后的下一条语句。如果没有一个常量表达式的值与表达式的值相等，则执行语句 n+1 后，继续执行 switch 语句后的下一条语句。

程序执行流程如图 4.8 所示。

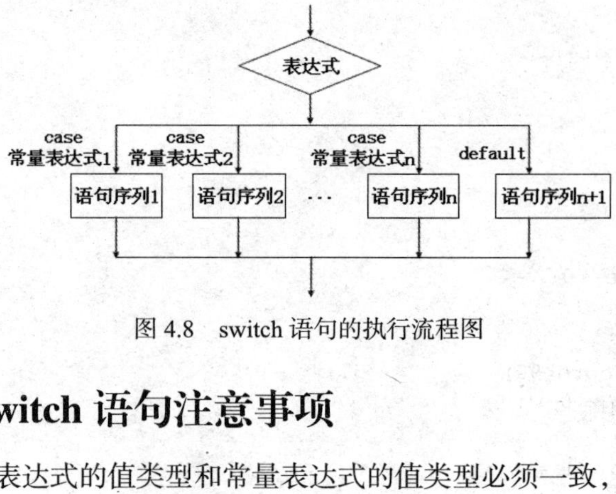

图 4.8　switch 语句的执行流程图

4.2.3 使用 switch 语句注意事项

（1）switch 后面的表达式的值类型和常量表达式的值类型必须一致，且只能是整型、字符型或枚举型。

（2）当表达式的值与某个 case 中的常量表达式的值相等时，就执行相应的 case 后的语句序列，直到遇到 break 语句或到达 switch 结构末尾（无 break 语句，则按照语句序列顺序执行）。若匹配不成功，则执行 default 后的语句。default 语句是可省的，如没有 default 语句，所有的匹配不成功，则不执行 case 中任何语句序列，程序继续执行 switch 结构后的下一条语句。

（3）多个连续的 case 语句可以共用一个语句序列。

（4）case 后的常量表达式的值不能相等。

（5）break 的作用是改变程序在 switch 结构中的执行流程，将程序流程跳出 switch 语句，转到 switch 语句后的下一条语句去执行。

（6）switch 语句中允许嵌套 switch 语句。

例 4.7　从键盘输入一学生成绩，判断学生成绩等级。如果成绩在 90～100 分，等级为“A”；成绩在 80～89 分，等级为“B”；成绩在 70～79 分，等级为“C”；成绩在 60～69 分，等级为“D”；成绩小于 60 分，等级为“E”。

用 switch 语句可以编程如下：

```
#include <stdio.h>
main( )
{
    int score;
    char grade;
    printf("Input student's score: ");
    scanf("%d",&score);
    switch  (score/10)
    {
        case  10:
        case  9:   grade='A'; break;
        case  8:   grade='B'; break;
        case  7:   grade='C'; break;
        case  6:   grade='D'; break;
        default:    grade='E';
    }
    printf("The student's grade is %c\n",grade);
}
```

在上例中，表达式 score/10 的值为 10 和 9 时共用相同的语句序列。另外，读者可将例 4.7 和例 4.5 作一比较，以加深对 if 语句和 switch 语句使用规则的理解。

4.3*　综合与提高

4.3.1　本章重要概念

1. if 语句的几种形式：二分支结构、不平衡的分支结构、两种结构的嵌套形式以及 if 语句实现的多分支结构。

2. switch 语句的规则。

当 switch 后面的表达式的值与某一个 case 后面的常量相等时，就执行常量后面的语句，直到遇到 break 语句或 switch 语句结束。当表达式的值与所有的常量都不相等时，则执行 default 后面的语句，然后退出 switch 语句。

4.3.2 常见错误

1. 若要实现例 4.1 的功能，下面两种写法是错误的。

写法一：
```
if(x>y)  max=x;
    max=y;
```
写法二：
```
if(x>y)  max=x;
else  (x<=y)  max=y;
```
2. 在例 4.2 程序中，if 分支都是复合语句，否则程序运算结果会出错。

4.3.3 提高实践

例 4.8　计算分段函数的值。

$$y=\begin{cases}0 & (x<0)\\ x & (0\leqslant x<10)\\ 10 & (10\leqslant x<20)\\ 0.5x+20 & (20\leqslant x<40)\\ 40+x & (40\leqslant x)\end{cases}$$

下面使用 4 种不同的方法实现该程序，以展现 C 语言多分支结构的风格。

（1）使用不嵌套的 if 语句编程。

编程如下：

```
#include <stdio.h>
main( )
{
    float x,y;
    scanf("%f",&x);
    if(x<0)
        y=0;
    if(0<=x&&x<10)
        y=x;
    if(10<=x&&x<20)
        y=10;
    if(20<=x&&x<40)
        y=0.5*x+20;
    if(x>=40)
        y=40+x;
    printf("y=%5.2f\n",y);
}
```

（2）使用嵌套的 if 语句编程。

编程如下：

```
#include <stdio.h>
main( )
{
```

```
    float x,y;
    scanf("%f",&x);
    if(x>=0)
    {
        if(x>=10)
        {
            if(x>=20)
            {
                if (x>=40)
                    y=40+x;
                else
                    y=0.5*x+20;
            }
            else
                y=10;
        }
        else
            y=x;
    }
    else
        y=0;
    printf("y=%5.2f\n",y);
}
```

(3) 使用 if～else 形式编程。

编程如下：

```
#include <stdio.h>
main( )
{
    float x,y;
    scanf("%f",&x);
    if(x<0)
        y=0;
    else
        if(x<10)
            y=x;
        else
            if(x<20)
                y=10;
            else
                if(x<40)
                    y=0.5*x+20;
                else
                    y=40+x;
    printf("y=%5.2f\n",y);
}
```

(4) 使用 switch 语句编程。

编程如下：

```
#include <stdio.h>
main( )
```

```
{
    float x,y;
    int z;
    scanf("%f",&x);
    z=(int)(x/10);
    if(x<0)
        z= -1;
    switch (z)
    {
        case  -1: y=0; break;
        case  0: y=x; break;
        case  1: y=10; break;
        case  2:
        case  3: y=0.5*x+20; break;
        default: y=40+x;
    }
    printf("y=%5.2f\n",y);
}
```

例 4.9 从键盘输入 3 个整数，按由小到大的顺序输出。N-S 图如图 4.9 所示。

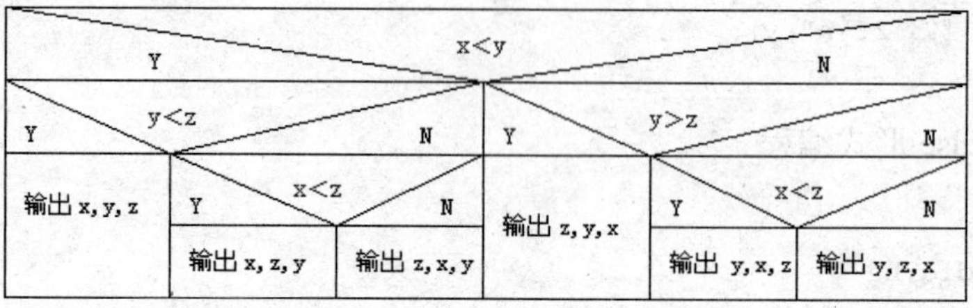

图 4.9　例 4.9 的算法 N-S 图

程序如下：

```
#include <stdio.h>
main( )
{
    int x,y,z;
    scanf("%d,%d,%d",&x,&y,&z);
    if(x<y)
    {
        if(y<z)
            printf("%d,%d,%d",x,y,z);
        else
        {
            if(x<z)
                printf("%d,%d,%d",x,z,y);
            else
                printf("%d,%d,%d",z,x,y);
        }
    }
    else
    {
        if(y>z)
            printf("%d,%d,%d\n",z,y,x);
        else
```

```
        {
            if(x<z)
                printf("%d,%d,%d\n",y,x,z);
            else
                printf("%d,%d,%d\n",y,z,x);
        }
    }
}
```

习　　题

一、选择题

1. 在 C 语言中，逻辑“真”等价于（　　）。

   A. 整数 1　　B. 整数 0　　C. 非 0 数　　D. TRUE

2. 以下 4 条语句中，有语法错误的是（　　）。

   A. if　(a>b)　m=a;　　B. if　(a<b)　m=b;

   C. if　((a=b)>=0)　m=a;　　D. if　((a=b;)>=0)　m=a;

3. 设有 int x,y,z;，则选项中能将 x,y 中较大者赋给变量 z 的语句是（　　）。

   A. if（x>y）z=y;　　B. if(x<y)z=x;　　C. z=x>y?x:y;　　D. z=x<y?x:y;

4. 运行下列程序

```
#include <stdio.h>
void main()
{
   char c='y';
   if(c>='x')printf("%c",c);
   if(c>='y')printf("%c",c);
   if(c>='z')printf("%c",c);
}
```

输出结果是（　　）。

   A. y　　B. yy　　C. yyy　　D. xy

5. 下列叙述中正确的是（　　）。

   A. 在 switch 语句中，不一定使用 break 语句

   B. break 语句必须与 switch 语句中的 case 配合使用

   C. 在 switch 语句中必须使用 default

   D. break 语句只能用于 switch 语句

二、填空题

1. 下面的程序完成两个数的四则运算。用户输入一个实现两个数的四则运算的表达式，程序采用 switch 语句对其运算进行判定后执行相应的运算并给出结果。

```
#include <stdio.h>
main( )
{
    float x,y;
    char op;
    printf("Please input Expression:");
    scanf("%f%c%f",&x,&op,&y);
```

```
    ______【1】______
    {
        case '+':
            printf("%g%c%g=%g\n", ______【2】______);
            ______【3】______;
        case '-':
            printf("%g%c%g=%g\n",x,op,y,x-y);
            break;
        case '*':
            printf("%g%c%g=%g\n",x,op,y,x*y);
            break;
        case '/':
            if (______【4】______)
                printf("Division Error!\n");
            else
                printf("%g%c%g=%g\n",x,op,y,x/y);
            break;
        default:printf("Expression Error!\n");
    }
}
```

2. 判断整型变量 a 能被 7 整除的表达式为______【5】______。

3. 以下程序的运行结果是______【6】______。

```
#include <stdio.h>
void main()
{
   int grade=95;
   switch(grade/10)
   {
      case 6:printf("C\n"); break;
      case 7:
      case 8:printf("B\n"); break;
      case 9:
      case 10:printf("A\n"); break;
      default: printf("D\n");
   }
}
```

三、编程题

1. 给出三角形的三边 a、b、c，求三角形的面积（应先判断 a、b、c 三边是否能构成一个三角形）。

2. 输入一元二次方程的 3 个系数 a、b、c，求出该方程所有可能的根。

第5章 循环结构程序设计

5.1 循环结构

在很多的程序算法中，会遇到很多有规律的重复运算，需要在一条件控制下反复执行指定的语句系列来实现算法。程序中的这种结构称为循环结构。

例 5.1　求 $s=1+2+3+\cdots+100$ 之和。

解题思路：设变量 s 存储累加和，其初值为 0，变量 n 作为循环变量，其值由 1 变化到 100，将 n 的每一个值累加到 s 变量，则可以实现上述算法。

上述算法程序为：

```
#include <stdio.h>
main( )
{
    int s=0,n=0;
    n=n+1;
    s=s+n;
    n=n+1;
    s=s+n;
    …
    printf("%d\n",s);
}
```

在上例中，$n=n+1$；和 $s=s+n$；两语句会在程序中反复出现 100 次，使程序变得很长。为解决这一问题，C 语言引入了循环结构。C 语言中实现循环结构的语句有 for 语句、while 语句和 do～while 语句。

5.1.1 for 语句

1. for 语句的一般形式

for 语句的一般形式为：

```
for(表达式 1;表达式 2;表达式 3)
            循环体;
```

其中，表达式 1 可以是赋值表达式、逗号表达式或函数调用表达式，它是循环控制的初始化部分，为循环中所使用的变量赋初值，即为循环做准备；表达式 2 通常是关系表达式或逻辑表达式，它是循环控制的条件，循环体反复执行多次，必须在循环条件满足的情况下（即表达式 2 的值为非 0）才能进行，否则循环终止；表达式 3 是赋值表达式或算术表达式，它使循环变量的值或循环控制条件得到修改，使循环只能进行有限次；循环体是循环结构中反复执行的语句，它可以是空语句、单语句或复合语句。

2. for 语句的执行过程

for 语句的执行过程如下。

（1）计算表达式 1；

（2）计算表达式 2，若其值为非 0，则执行第（3）步；若为 0，则转向第（6）步执行；

（3）执行循环体；

（4）计算表达式 3；

（5）跳转到第（2）步继续执行；

（6）终止循环，执行 for 语句后的下一条语句。

for 语句的执行流程如图 5.1 所示。

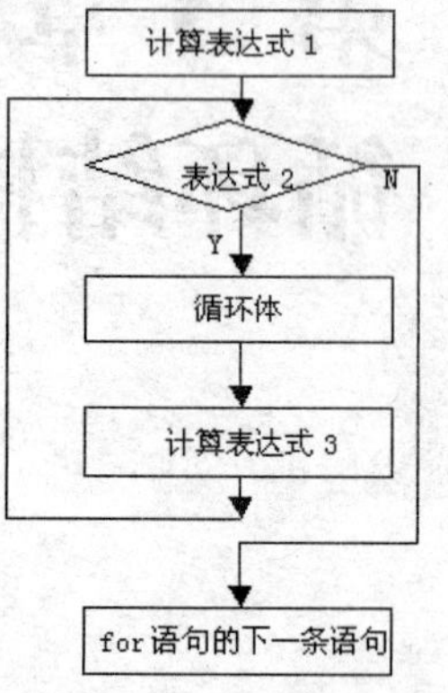

图 5.1　for 语句的执行流程图

例 5.2　例 5.1 用 for 语句实现程序。

程序如下：

```
#include <stdio.h>
main( )
{
    int s,n;
    for(s=0,n=1;n<=100;n++)
        s=s+n;
    printf("%d\n",s);
}
```

3. for 语句的说明

（1）在 for 语句中 3 个表达式都可以缺省（但需要在其他相应地方写上），但其中的两个分号不可省。例如，下面的语句是正确的：

```
for( ; ; )
```

① 若表达式 1 缺省，则必须将表达式 1 作为语句安排在 for 语句之前。

对上例中的语句：

```
for(s=0,n=1;n<=100;n++)
```

可改成：

```
s=0;
n=1;
for( ;n<=100;n++)
```

② 若表达式 2 缺省，则系统默认循环控制条件为真（非 0 值），此时，如果不在循环体中加其他语句进行控制，循环将无限制地进行下去，即出现死循环。

如将上例中的循环语句改成：

```
for(s=0,n=1; ;n++)
    s=s+n;
```

则会出现死循环。

③ 若表达式 3 缺省，可将它的语句放在循环体的最后。

如可将上例中的循环语句改成：

```
for(s=0,n=1;n<=100;)
{
    s=s+n;
    n++;
}
```

（2）循环体中的语句如果是多个语句时，则循环体一定要用花括号括起来，以复合语句形式出现。且在循环体中的变量在每一次循环过程中其值一般来说是不相同的。

在例 5.2 中：第一次循环中，s 的值是 1，n 的值是 1。

第二次循环中，s 的值是 3，n 的值是 2。

…

（3）循环体可以为空语句，但必须有分号（即循环为空语句）。

例 5.2 中的循环语句可改成：

```
for(s=0,n=1;n<=100;s=s+n, n++);
```

（4）要注意循环终止后循环变量的值，一般来讲是循环变量最后一次循环值加步长。如上例中循环变量终止后 n 的值为 100+1，即 101。

例 5.3　判断正整数 *x* 是否为素数。

解题思路：素数是指除 1 和本身之外不能被其他数整除的数。设一个标志性变量 *flag*，如果其值等于 0，*x* 为合数，如果其值等于 1，则 *x* 为素数。先设 *flag*=1（即假设 *x* 为素数），另设变量 *n* 由 2 变化到 *x*−1，判断 *x* 是否能被 *n* 整除，只要有一个 *n* 值能使 *x* 被整除，则令 *flag*=0；N-S 图如图 5.2 所示，程序如下：

```
#include <stdio.h>
#include <math.h>
main( )
{
    int x,n,flag=1;
    scanf("%d",&x);
    for(n=2;n<=x-1;n++)
        if(x%n==0)
            flag=0;
    if(flag==1)
        printf("%d是素数\n",x);
    else
        printf("%d不是素数\n",x);
}
```

注意：上述循环条件 $n<=x-1$ 可改成 $n<sqrt(x)$ 或 $n<x/2$。为什么？请读者自行分析。

例 5.4　从键盘输入任意两个正整数 *x* 和 *y*，编程求出这两数的最大公因子。

解题思路：首先输入两个正整数，判断其大小，大的放在 *x* 中，小的放在 *y* 中，设 *r* 为余数，利用辗转相除法可求得当 *r*=0 时，*y* 值为最大公因子。N-S 图如图 5.3 所示，程序如下：

```
#include <stdio.h>
main( )
```

```
{
    int x,y,r;
    scanf("%d,%d",&x,&y);
    if(x<y)
    {
        r=x;x=y;y=r;
    }
    for(r=x%y;r! =0;r=x%y)
    {
        x=y;y=r;
    }
    printf("最大公因子为：%d\n",y);
}
```

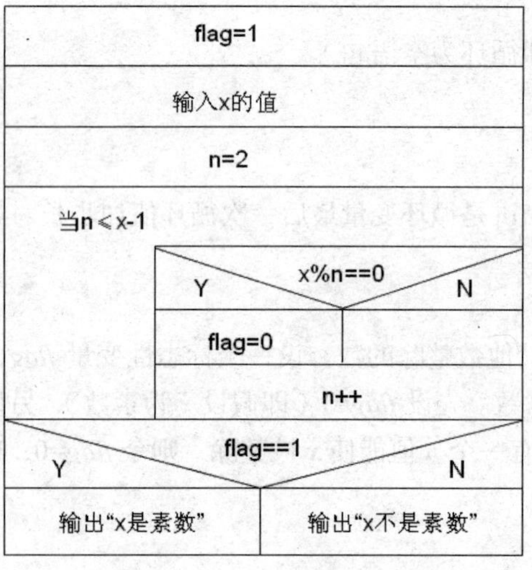

图 5.2　例 5.3 的算法 N-S 图

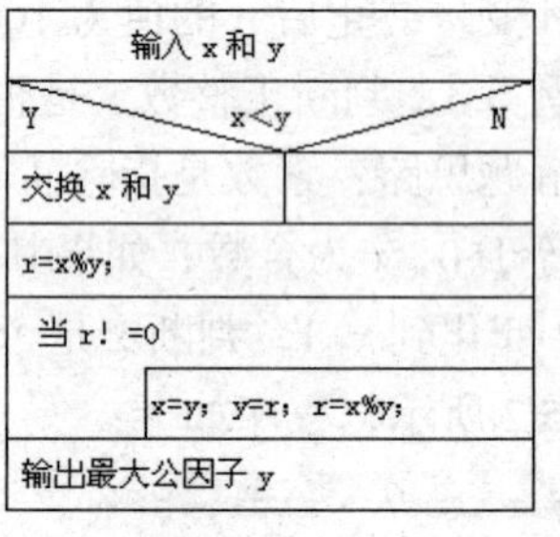

图 5.3　例 5.4 的算法 N-S 图

注意　在例 5.4 中，没有像例 5.3 中有很明显的循环控制变量，但表达式 *r=x%y* 会不断修改 *r* 的值，直到为 0。

5.1.2　while 语句

1. while 语句的一般形式

while 语句是一种当型的循环，即先判断条件，后执行循环体。while 语句的一般形式为：

```
while（表达式）
    循环体;
```

其中，圆括号中的表达式一般是关系表达式、逻辑表达式或算术表达式，运算结果是一个逻辑值，或为真（非 0），或为假（0），它是循环控制的条件。循环体是循环反复执行的语句，它可以是空语句、单语句或复合语句。

2. while 语句的执行过程

首先计算和判断表达式的值，如果表达式的值为“真”（非 0），则执行循环体，然后程序转回去再计算和判断表达式的值，直到表达式的值为“假”（0），终止 while 循环，继续执行 while 语句后的下一语句。其 N-S 图如图 5.4 所示。

3. 程序举例

例 5.5　求 10 个数据（实数）中的最大值。

解题思路：设存放最大值的变量为 max，先输入第一个数，并将值赋给 max。然后输入第二个数，与相应的 max 比较，如果输入的数大于 max，则将此数赋给 max。N-S 图如图 5.5 所示。

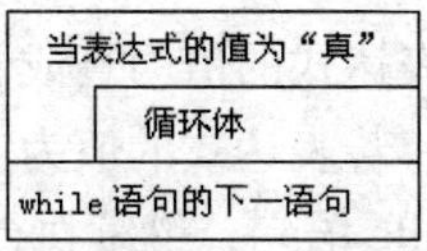

图 5.4　while 语句的 N-S 图

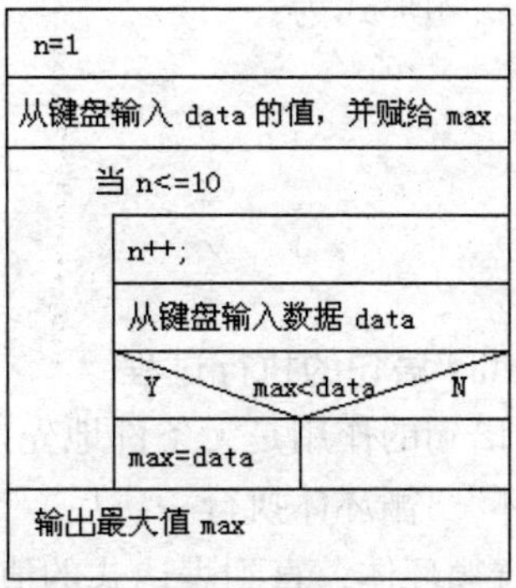

图 5.5　例 5.5 的算法 N-S 图

程序如下：

```
#include <stdio.h>
main( )
{
    float data,max;
    int n=1;
    scanf("%f",&data);
    max=data;
    while(n<=10)
    {
        n++;
        scanf("%f",&data);
        if(data>max)
            max=data;
    }
    printf("Max=%6.3f\n",max);
}
```

例 5.6　用 while 语句求 s=1+2+3+…+100。

解题思路：首先为和值 s 赋初值为 0，为被加数 n 赋初值为 1，并将 n 的值（1）累加到 s 中，然后将 n 加 1 后的值（2）累加到 s 中，这样，n 的值不断加 1 并被累加到 s 中，直到将 100 也累加到 s 中为止，s 中的值即为所求。程序如下：

```
#include <stdio.h>
main()
{
    int n=1,s=0;
    while(n<=100)
    {
        s=s+n;
        n++;
```

```
    }
    printf("s=%d\n",s);
}
```

5.1.3 do～while 语句

1. do～while 语句的一般形式

do～while 语句形式为：

```
do
{
    循环体;
}while(表达式);
```

2. do～while 语句的执行过程

do～while 语句的作用是无条件地先执行循环体一次（无论表达式的值为真或假），所以又称为“直到型循环”。循环体执行一次后，计算和判断表达式的值，若表达式的值为“真”，则程序转回去反复执行循环体，直到表达式的值为“假”，终止 do～while 语句，继续执行 do～while 语句后的下一条语句，其 N-S 图如图 5.6 所示。

3. 程序举例

例 5.7 求 $1^2+2^2+3^2+\cdots+n^2\leqslant 10000$ 的最大 n 值。

N-S 图如图 5.7 所示，程序如下：

```
#include <stdio.h>
main( )
{
   int s,n;
   s=0;n=0;
   do
   {
        n++;
        s=s+n*n;
   }while(s<=10000);
   printf("n=%d\n",n-1);
}
```

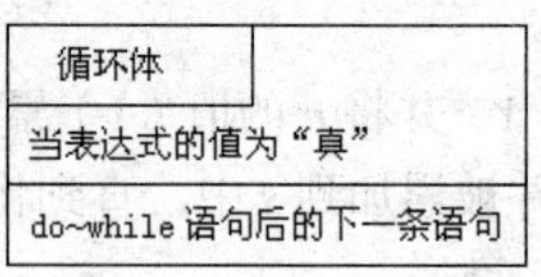

图 5.6 do～while 语句的 N-S 图

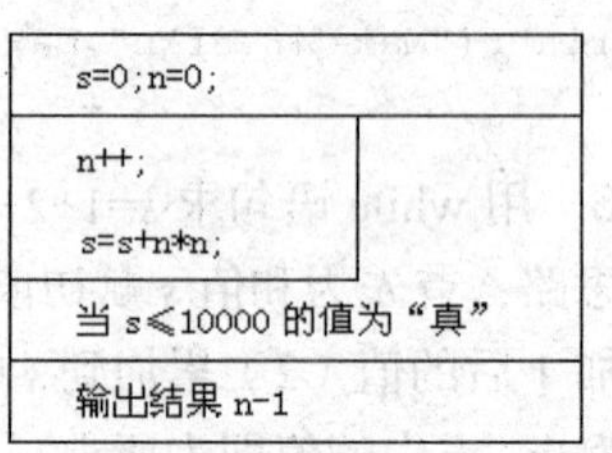

图 5.7 例 5.7 的算法 N-S 图

例 5.8 求一个正整数（该数小于 65535）的逆序数。

解题思路：对于 x 的逆序数，按顺序分离它的每个数位 t，设变量 *new* 保存逆序数，初始值为 0，按表达式 $new=new*10+t$ 将 t 累加到 *new* 变量中，则可实现转换。程序如下：

```
#include <stdio.h>
main( )
```

```
{
    long int x,new=0;
    int t;
    scanf("%ld",&x);
    do
    {
        t=x%10;
        new=new*10+t;
        x=x/10;
    }while(x>0);
    printf("%ld\n",new);
}
```

4. 三种循环语句的比较

（1）while 循环和 do～while 循环由循环变量初始化、循环控制条件和循环体组成，循环体中包含需要反复执行的操作和循环控制变量值修改的语句。而 for 语句则在它的一般形式中的三个固定位置，用三组表达式表示，其结构更加简洁。

（2）while 循环和 for 循环是先判断循环控制条件，后执行循环体，当第一次判断循环条件不满足时，循环体一次也不执行；do～while 循环是先执行循环体一次，后判断循环控制条件，所以循环体至少要执行一次。

5.1.4　循环嵌套

1. 循环嵌套

如果一个循环完全包含在另一个循环的循环体中,那么这样的结构称为多重循环或循环嵌套。

例 5.9　求 2～1000 中所有素数的个数及和。

解题思路：在例 5.3 中，判断 x 是否为素数，x 由输入函数输入，改用 for 语句，x 作为循环控制变量。程序如下：

```
#include <stdio.h>
main( )
{
    int n,s=0,sum=0,x,flag,i;
    for(n=2;n<1000;n++)
    {
        flag=1;
        for( i=2;i<=n-1;i++)
            if(n%i==0)
                flag=0;
        if(flag==1)
        {
            s++;
            sum=sum+n;
        }
    }
    printf("%d,%d\n",s,sum);
}
```

例 5.10　求 1～1000 中的回文数（正读和反读相同的整数）的个数。

解题思路：回文数是正读和反读相同的整数，即该数和它的逆序数相等。在例 5.9 中，x 的输入是由输入函数完成的，将它改成用于循环控制的循环变量，即可实现。程序如下：

```
#include <stdio.h>
main( )
{
    int n,x,new,t,sum=0;
    for(n=1;n<=1000;n++)
    {
        new=0;
        x=n;
        do
        {
            t=x%10;
            new=new*10+t;
            x=x/10;
        }while(x>0);
        if(new==n)
        {
            printf("%5d",n);
            sum++;
        }
    }
    printf("\n sum=%d\n",sum);
}
```

2. 有关循环嵌套的说明

（1）while 循环、do～while 循环和 for 循环都可以互相嵌套。

（2）二重循环的执行过程是外循环执行一次，内循环执行一遍，直至内循环结束后，才能再进行一次外循环，如此反复，直到外循环结束。

（3）内、外循环控制变量一般不能相同。

（4）内、外循环语句在进行循环前都要进行循环的初始化，即给循环中的变量赋初值。在例 5.10 中，进行 for 循环之前，必须给 *sum*、*n* 变量赋初值，在进行 do～while 之前，必须给 *new* 变量赋初值和对循环变量 *n* 进行保护（赋给一个中间变量 *x*）。

5.2 break、continue 及 goto 语句

这几个语句可以用来改变程序的执行次序，使程序从当前位置转向其他位置。

5.2.1 break 语句

break 语句的一般形式为：

```
break;
```

break 语句经常放在循环语句的循环体中，且通常和 if 语句一起连用。

作用：在满足一定条件时，提前退出本层循环（不管循环控制条件是否成立），使程序流程转向该循环结构后的下一条语句执行。以 while 语句为例，如图 5.8 所示。

例 5.11　求 s=1+2+3+…+100 之和。

程序如下：

```
#include <stdio.h>
main( )
{
   int s,n;
   for(s=0,n=1; ;n++)
   {
      s=s+n;
      if(n>=100)
         break;
   }
   printf("%d\n",s);
}
```

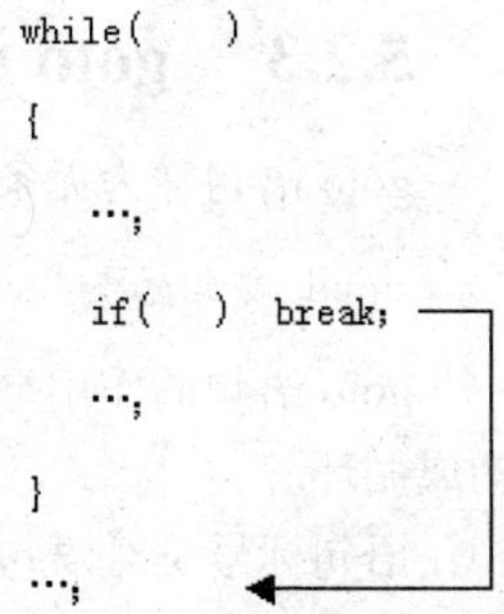

图 5.8　break 语句示例

在例 5.11 的程序中，for 循环的循环条件为空，是一死循环，退出该循环的办法是在循环体中加一条件和 break 语句，满足 $n \geqslant 100$ 时，即退出循环。

5.2.2　continue 语句

continue 语句的一般形式为：

```
continue;
```

continue 语句的作用：是结束本次循环，即跳过循环体中某些还没有被执行的语句，开始新的一次循环。为了说明 continue 语句的作用，以 while 语句为例，在它的循环体的最后加一条空语句，其他循环语句也相同，如图 5.9 所示。

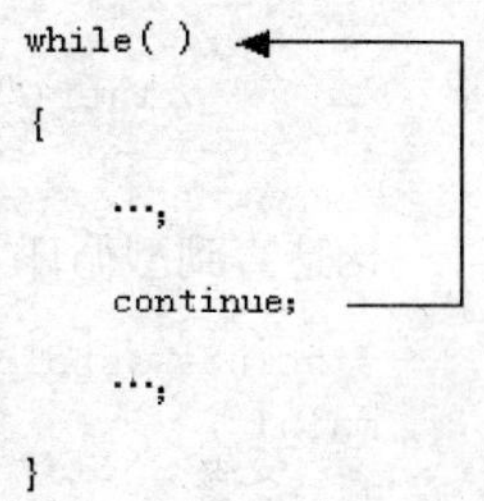

图 5.9　continue 语句示例

循环执行过程中遇到 continue 语句时，循环体中 continue 以下的语句将不再执行，而是重新开始下一次循环操作，continue 在其他循环语句中的作用也与此相同。另外，continue 语句只能用在循环控制语句的循环体中，通常要与 if 语句联合使用。

例 5.12　从键盘输入 10 个不为 0 的整数，统计其中负数的个数。

解题思路：程序中 count 用于统计负数个数，当整数位负数时，count++，否则输入下一个整数，程序如下：

```
#include <stdio.h>
main( )
{
   int n,count=0,x;
   float avg=0;
   for(n=0;n<10;n++)
   {
      scanf("%d",&x);
      if(x<0)
         count++;
      else
         continue;
   }
   printf("Count=%d \n",count);
}
```

5.2.3* goto 语句

goto 语句称为无条件转向语句，它的一般形式为：

```
goto  语句标号;
```

goto 语句的作用是使程序的流程无条件转移到相应语句标号处。它一般和 if 语句一起使用，构成循环。

语句标号是对语句的标识，应是合法的标识符，即只能由字母、数字和下划线组成，且第一字符必须是字母或下划线。注意：不能用一个整数作为语句标号。

例 5.13 求 s=1+2+3+…+100。

构造当型循环（先判断循环控制条件），程序如下：

```
#include <stdio.h>
main( )
{
        int n=1,s=0;
loop:   if(n<=100)
        {
            s=s+n;
            n++;
            goto loop;
        }
        printf("%d\n",s);
}
```

构造直到型循环（先执行循环体 1 次，后判断循环体控制条件），程序如下：

```
#include <stdio.h>
main( )
{
    int n=1,s=0;
    loop: s=s+n;
    n++;
    if(n<=100)
        goto loop;
    printf("%d\n",s);
}
```

5.3* 综合与提高

5.3.1 本章重要概念

1. for 语句

for 语句的特点是循环变量明确，三个表达式控制循环结构的执行和结束。

2. while 语句与 do～while 语句

while 语句是当条件表达式成立时才执行循环语句，do～while 语句是无条件执行一次循环语句，再判断条件表达式是否成立。

3. for 语句、while 语句与 do～while 语句在有些情况下可以互相转换

4. break 语句和 continue 语句

遇到 break 语句，即强行终止循环语句，跳出所在的循环结构，执行循环结构后面的第一条语句；遇到 continue 语句，即终止本次循环语句，跳至下一次循环语句的条件判定开始执行。

5.3.2 常见错误

1. n 在该 for 语句中是循环控制变量，表达式 1 是给循环变量赋初值（n=1），表达式 2 是循环的控制条件，表达式 3 是用于修改循环控制变量的值，避免出现死循环。

2. do～while 语句中的表达式和循环体与 while 语句相同，但 do～while 语句中的花括号不可省，而且 while（表达式）后必须有分号。

3. goto 语句是非结构化语句，大量使用会造成程序流向混乱，可读性差，因此结构化程序设计一般不用 goto 语句。

5.3.3 提高实践

例 5.14 输出下列数列的前 20 项之值。

$$f(n)=\begin{cases}f(n-1)+f(n-2) & \geqslant 2\\ 1 & n=0\text{或}n=1\end{cases}$$

解题思路：设 $f(0)$、$f(1)$、$f(2)$是数列中的 3 个数，有如下关系：$f(2)=f(1)+f(0)$，在循环计算过程中，始终使$f(1)$、$f(0)$指向两个相加的相邻数，$f(2)$始终为新计算出的和值。

程序如下：

```
#include <stdio.h>
main( )
{
    long int f0=1,f1=1,f2;
    int  n;
    printf("%8ld%8ld",f0,f1);
    for(n=3;n<=20;n++)
    {
        f2=f1+f0;
        printf("%8ld",f2);
        f0=f1;
        f1=f2;
    }
}
```

例 5.15 求 1000 以内最大的 20 个素数之和。

解题思路：用变量 *s* 求和，*s* 初值为 0。用变量 *I* 统计以求得素数的个数，*I* 初值为 1。用变量 *a* 从 1000 到 1 循环，如果 *a* 是素数，并且 *I* 值小于等于 20，则 *s*=*s*+*a*，*I*++。当 *I* 值大于 20 时，跳出循环。素数求法同例 5，9 题，用变量 *j* 从 2 到 *a*−1 循环。

```
#include <stdio.h>
main( )
{
    int a,s=0,I=1, j;
```

```
for( a=1000;a>=1;a--)
{
    for( j=2;j<a;j++)
        if(a%j==0)
            break;
    if( j==a&&I<=20)
    {
        s=s+a; I++;
    }
    if(I>20) break;
}
printf("\n%d",s);
}
```

习　　题

一、选择题

1. 以下程序段，执行结果为（　　）。

```
a=1;
do
{
  a=a*a;
}while(!a);
```

A. 循环体只执行一次　　B. 循环体执行二次

C. 是无限循环　　D. 循环条件不合法

2. 若 i, j 均为整型变量，则以下循环（　　）。

```
for  (i=0,j=2; j=1; i++,j--)
    printf("%5d, %d\n", i, j);
```

A. 循环体只执行一次　　B. 循环体执行二次

C. 是无限循环　　D. 循环条件不合法

3. C 语言中 while 与 do～while 语句的主要区别是（　　）。

A. do～while 的循环体至少无条件执行一次

B. do～while 允许从外部跳到循环体内

C. while 的循环体至少无条件执行一次

D. while 的循环控制条件比 do～while 的严格

4. 例如 a 为 int 类型，语句 while (!a);中条件等价于（　　）。

A. a!=0　　B. ～a　　C. a==1　　D. a==0

5. 以下程序的运行结果为（　　）。

```
#include <stdio.h>
main( )
{
    int i=1,sum=0;
    while(i<=100)
        {sum+=i;
```

```
    i++;}
  printf("1+2+3+...+99+100=%d", sum);
}
```

A. 5050　　B. 1　　C. 0　　D. 程序陷入死循环

6. 为了避免嵌套的 if-else 语句的二义性，C 语言规定 else 总是（　　）。

A. 与缩排位置相同的 if 组成配对关系

B. 与在其之前未配对的 if 组成配对关系

C. 与在其之前未配对的最近的 if 组成配对关系

D. 与同一行上的 if 组成配对关系

7. 对于 for (表达式 1; ;表达式 3)可理解为（　　）。

A. for (表达式 1; 0 ;表达式 3)

B. for (表达式 1; 1 ;表达式 3)

C. for (表达式 1;表达式 1;表达式 3)

D. for (表达式 1;表达式 3;表达式 3)

8. 执行以下程序段后，输出结果是（　　）。

```
int i, s=0;
for (i=1; i<=6; i++)
{
    if (i%2==0) continue;
    s+=i;
}
printf("%d\n",s);
```

A. 21　　B. 9　　C. 12　　D. 6

9. 已知 int i=5;则执行语句 while(i<8) i+=2;后，变量 i 的值是（　　）。

A. 5　　B. 7　　C. 8　　D. 9

10. 执行以下程序后，输出结果是（　　）。

```
#include<stdio.h>
void main()
{
    int i,s=0;
    for(i=1;i<=6;i++)
    {
        if(i%3==0)
            break;
     s+=i;
    }
   printf("%d\n",s);

}
```

A. 3　　B. 6　　C. 12　　D. 21

二、填空题

1. 下面程序的功能是：从键盘上输入若干学生的成绩，统计并输出最高和最低成绩，当输入负数时结束输入。

```
#include <stdio.h>
main ( )
```

```
{
    float  score, max, min;
    printf ( "Please input one score:\n" );
    scanf ("%f", &score);
    max=min=score;
    while (______【1】______)
    {
        if (score>max)  max=score;
        if (______【2】______)
            min=score;
        printf ( "Please input another score:\n" );
        scanf ("%f", &score);
    }
    printf("\nThe max score is %f\nThe min score is %f", max, min);
}
```

2. do {…} while (表达式);循环至少执行______【3】______次。

3. 以下程序的运行结果为______【4】______。

```
#include <stdio.h>
void main()
{  int i,j;
   for(i=2;i<10;i++)
   {  for(j=2;j<i;j++)
        if(i%j==0) break;
      if (j>=i) printf("%2d",i);
   }
   printf("\n");
}
```

4. 已知 int x; for(x=10;x>4;x--);则该循环共执行______【5】______次。

5. 执行以下程序后，输出结果是______【6】______。

```
#include<stdio.h>
void main()
{
 int a=3,b=-1,c=1;
 if(a<b)
   if(b<0) c=0;
   else c++;
 printf("%d\n",c);
}
```

三、编程题

1. 编程求 1！+2！+3！+…+10!。

2. 编程打印出所有的“水仙花数”。所谓水仙花数：是指一个三位数，其各位数字的立方之和等于该数。

3. 如果一个数等于其所有真因子（不包括其本身）之和，则该数为完数，例如，6 的因子有 1、2、3，且 6=1+2+3，故 6 为完数，求 2～1 000 中的完数。

4. 输出 1～1 000 中的所有素数，统计其个数并求出它们的和。

第 6 章 函数与编译预处理

C 语言程序由基本语句和函数（Function）组成，每个函数可完成相对独立的小任务，按一定的规则调用这些函数，就组成了解决某个特定问题的程序。C 语言程序的结构非常符合模块化程序的设计思想。将大任务分解成若干个功能模块后，可以用一个或多个 C 语言的函数来实现这些功能模块，通过函数的调用来实现整个大任务的全部功能。模块化的原则有各模块之间尽量独立、模块大小适中、大的模块要注意层次。本章主要介绍函数的定义与调用、变量的存储类型和变量的作用域。

6.1 函数的定义与调用

一个 C 语言程序是由一个或多个独立的函数组成的，其中有且仅有一个主函数，被规定名字为 main()。一般来说，执行源程序就是执行主函数 main，其他函数只能被主函数所调用，而其他函数之间也可以互相调用；主函数 main 还可以调用库函数（例如之前用过的 sin()等数学函数）。

程序总是从 main 函数开始执行，调用所需要的函数，完成所调用函数的功能后，返回到 main 函数继续执行，最后在 main 函数中结束。假设有 main 函数和 f1，f2 函数，它们的调用过程如图 6.1 所示。

```
int f1()            /*  定义函数 f1  */
{ …
 }
int f2()            /*  定义函数 f2  */
{ …
  f1(); }           /* f2 中调用函数 f1  */
void main()
{ …
  f2() ;            /* 主函数中调用函数 f2  */
}
```

C 语言中的函数就是实现某个功能的一个处理过程。它可以进行数值运算、信息处理、决策控制。函数结束时可以携带处理结果（函数返回值），也可以不携带处理结果（无返回值）。C 语言程序处理过程全部都是以函数形式出现的，最简单的程序也至

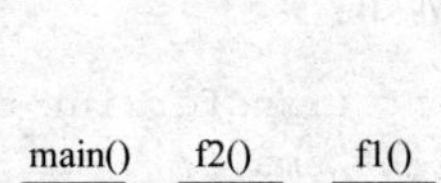

图 6.1 函数调用执行过程示意图

少有一个 main()函数。函数必须先定义和声明后才能调用。

从用户使用函数的角度来看，函数有两种：标准库函数和用户自定义函数。

6.1.1 标准库函数

前面已经介绍过一些标准库函数，比如常用的 scanf()、printf()。C 语言强大的功能很大程度依赖于它丰富的库函数。按照函数的功能分类，可以将函数分为：I/O 函数、字符串、字符处理函数，数学函数，接口函数，时间转换和操作函数，动态地址分配函数，目录函数，过程控制函数，字符屏幕和图形功能函数，以及其他函数。

这些库函数分别在不同的头文件中声明（详见书中附录），例如：

math.h 头文件中有 sin(x)、cos(x)、exp(x) (求 e^x)、fabs(x)（求 x 的绝对值）、log(x)（求 log）等库函数。

stdio.h 头文件中有 scanf()、printf()、gets()、puts()、getchar()、putchar()等库函数。

string.h 头文件中有 strcmp()、strcpy()、strcat()和 strlen()等库函数。

如果用户在程序中想调用这些函数，则必须在程序中用编译预处理命令把相应的头文件包含到程序中，例如：

```
#include  <math.h>
#include  <stdio.h>
main()
{double  a,b;
  scanf ("%lf", &a);  /*调用输入函数，输入变量 a 的值*/
  b=cos (a);  /*调用 cos 函数，求 cos (a) 的值*/
  printf( "%.4lf", b);  /*调用输出函数，输出变量 b 的值*/
}
```

在库函数的使用中，必须要清楚地了解：函数的调用方式，函数的原型在哪个头文件中，函数功能及函数的返回值。

6.1.2 函数定义的一般形式

除了系统提供的库函数，我们用户还可以自定义函数，这类函数定义的一般形式为：

```
函数类型说明  函数名（形参说明表）
{
    定义说明部分;
    执行部分;
}
```

其中，“函数类型说明”就是说明函数返回值的数据类型；“形参说明表”是对形参变量数据类型的说明；花括号括起来的语句序列是函数体，它包括函数内部定义的变量说明和函数执行部分。例如：

```
int transfer(int capital)
{int small;
  if (capital>='A' && capital<='Z')
    small= capital- ('A'-'a');
  return small;
}
```

6.1.3　函数定义的几点说明

关于函数定义有很多值得注意的地方，这里我们进行一些说明：

1. 函数类型说明

函数类型说明就是函数返回值的数据类型。函数返回时可能携带或不携带数据。函数类型的定义要根据有无返回值来定义。如果函数有返回值，则要确保返回值的类型与函数类型说明一致。即如果函数的返回值是 int 类型，则函数类型说明也必须是 int 类型。如上面的 transfer()函数中，函数类型说明为 int，而返回值 small 也是 int 类型。return 的数据类型与函数的类型矛盾时，自动将数据转换成函数的类型。

如果函数不提供返回值，可以定义函数类型为空类型（void），例如：

```
void main( )
```

注意　如果函数不提供返回值，且未定义为空类型时，有些编译系统在编译时会报告出现了警告性错误。当函数名前未写类型名时，C 语言编译器一般默认它为 int 型。

2. 函数名

函数名又称函数标识符。如果是自定义函数，则命名遵循 C 语言标识符的规定。

3. 形参说明表

形参说明表写在函数名后的括号“()”内，参数列表由一个或多个变量标识符及类型标识符组成。参数表中的变量也称为形式参数，简称为形参。

如果函数没有形参，则称为无参数函数，“( )”内为空，但括号不能省略。如 main( )

在定义形式参数时，必须指定形式参数的类型，例如：

```
int max(int a, int b)
{
   …
}
```

但也可以写成以下形式：

```
int max( a, b)
int a,b;
{
   …
}
```

在写形参说明时，以上两种形式都是对的。

注意　这两种格式不能混合使用。

4. 函数体说明

函数体由定义说明部分和执行部分两部分组成。定义说明部分是对函数中要用到的变量、要调用到的函数以及要引用的外部变量进行说明。执行部分是用来实现函数的功能，即语句执行部分。如果函数有返回值，则最后一句便是 return 语句，它的一般形式为：

```
return  [(表达式)];
```

return 语句有两个功能：将表达式的值返回给主调函数，使得能够按照调用函数的顺序接着往下执行。return 语句的后面可以有括号，也可以没有。

例如：

```
return  x;
return  (x+6);
```

注意 [（表达式）]外面加了“[]”方括号，表明表达式可以缺省，如果表达式缺省则表示返回一个不确定的值。

如果没有返回值，则必须在定义函数时把“函数类型说明”说明为 void，这样就不需要在函数体内写 return 语句了。

6.1.4 函数的调用

1. 函数的声明

自定义函数，如果要调用，一般应在主调函数中对被调函数进行声明，即向编译系统声明将要调用此函数，并将被调用函数的相关信息（如函数名、函数类型、形参的个数及类型等）提前通知编译系统。

函数声明的格式：

函数类型说明　函数名（形参及其类型）;

这种格式与函数定义时的头部很像，即函数定义时函数体前面的部分。函数声明没有函数体，且在不同的主调函数中可多次出现。

例 6.1　求两个数之差。

```
#include <stdio.h>
main( ) /*主调函数*/
{
    float sub(float x, float y);            /*函数的声明*/
    printf("sub=%f\n", sub(2, 5));          /*函数被调用*/
}
float sub(float x, float y)                 /*定义一个函数*/
{
    return x-y;
}
```

上述运算结果为：-3.000000。如果省略 main 函数中的函数声明语句，则程序在编译过程会出错。因为被调函数定义在主调函数之后，对于用户自定义函数则一定要声明；而若被调函数定义在主调函数之前，则可省去声明。

比如，刚才的例 6.1 如果 sub 函数定义写在 main 函数之前，则可以省去主调函数中的声明。可以写成这样：

```
#include <stdio.h>
float sub(float x, float y)                 /*定义一个函数*/
{
    return x-y;
}

main( ) /*主调函数*/
```

```
{
    printf("sub=%f\n",sub(2,5)); /*函数被调用*/
}
```

2. 函数的调用

函数调用的一般形式：

函数名（实参列表）

其中，实参是有确定值的变量或表达式，各参数要用逗号分开；实参和形参在类型、个数和顺序都必须保持一致。如例 6.1 中的 sub(2,5)中的 2 和 5 就是实参，它能算出具体的值，而在函数定义部分的 x，y 就是对应的形参。

3. 函数间的参数传递

函数间通过参数来传递数据，即通过主调函数中的实际参数（简称实参）向被调用函数中的形式参数（简称形参）进行传递的。

实参向形参传递数据的方式：是实参将值单向传递给形参，形参值的变化不影响实参值。

例如：

```
#include <stdio.h>
main()
{ int a,b;                          /*说明变量*/
void maxmin(int a,int b);           /*函数声明*/
 scanf("%d,%d",&a,&b);              /*调用库函数 scanf*/
 maxmin(a,b);               /*调用自定义函数 maxmin，这个只是调用其操作，并没有取它的返回值*/
 printf("a=%d,b=%d\n",a,b));        /*调用库函数 printf*/
}
void maxmin(int a, int b)           /*定义函数 maxmin*/
{int z;
 if(a<b)
{z=a;
a=b;
b=z;}  /*将 a 中存放较大的数，b 中存放较小的数*/
printf("a=%d,b=%d\n",a,b));
}
```

输入以下数据：

```
5,10
```

程序执行后，运行结果为：

```
a=10, b=5
a=5, b=10
```

第一行是形参 a，b 最终的值，很明显两个形参被交换了数据，而第二行是实参 a、b 两个变量最终的值，它们没有得到交换，就是没有因为形参的变化而变化。因为这是单向的值传递，形参和实参分配的存储空间是相对独立、互不干扰的。

（1）形式参数在函数中是变量名，在函数调用时，形参被分配相应的内存；

（2）实际参数是表达式，负责向对应的形参标识的内存单元传递数据；

（3）实参与形参必须个数相同；

（4）对应的形参和实参的类型必须一致。

4. 函数的嵌套调用

函数的嵌套调用执行过程如图 6.2 所示。图 6.2 表示了 2 层嵌套的情形，比如在 main 函数中调用以下语句：

```
f1(f2(a,b));
```

当然理论上可以嵌套无数层，如这样的语句：

```
a(b(d(e(x))),c(f));
```

其执行过程是：执行 main 函数中调用 f1 函数的语句时，即转去执行 f1 函数，在 f1 函数中又调用 f2 函数时，又转去执行 f2 函数，f2 函数执行完毕返回 f1 函数的断点继续执行，f1 函数执行完毕返回 main 函数的断点继续执行。

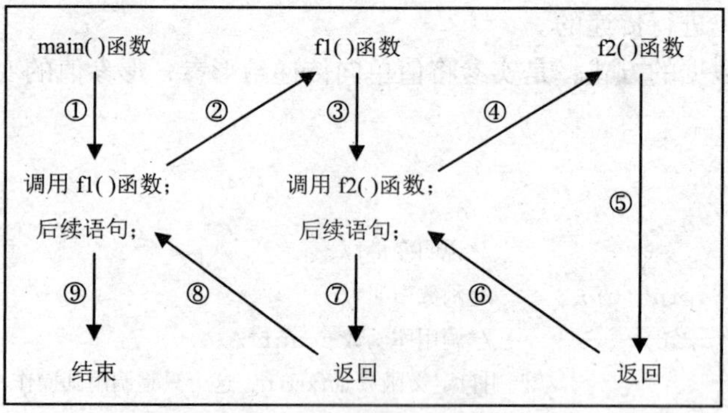

图 6.2 函数的嵌套调用执行过程

例 6.2 编程求组合 $C_m^n = \dfrac{m!}{n!(m-n)!}$。

解题思路：根据组合的计算公式知组合函数有 *m* 和 *n* 两个形参。函数需要 3 次计算阶乘。如果定义函数 *fac*(*k*)，求 *k* 的阶乘，则求组合可以通过调用阶乘函数完成。

c=*fac*(*m*) / (*fac*(*n*)**fac*(*m-n*))

分别定义求组合的函数和求阶乘的函数：

```
long fac(int k)                              /* 定义求阶乘的函数*/
{ long f=1;
 int i;
  for(i=1; i<=k; i++)
   f=f * i;
 return f;
}

long comb(int n, int m)                      /* 定义组合函数*/
{ long c;
  c=fac(m) / (fac(n) * fac(m-n));            /* 嵌套调用阶乘函数*/
  return  c;
}
main()
{  int n, m;
```

```
    long c;
    scanf("%d, %d", &n, &m);
    c=comb (n, m);                    /* 调用组合函数*/
     printf ("%ld", c);
}
```

主函数调用函数 comb()，comb()在执行过程中又调用了函数 fac()。fac()的调用是嵌套在函数 comb()的调用中的。

6.2　函数的递归调用

C 语言中除允许一个函数调用其他函数外，还允许函数自己调用自己，这种函数称之为递归函数。

6.2.1　递归概念

函数的递归调用是指一个函数在它的函数体内直接或间接地调用它自身。因此递归有两种方式：直接递归和间接递归。直接递归指的是函数直接调用自身的过程，例如：

```
void a( )
{…
 a( );
…
}
```

而间接递归指的是一个函数通过其他函数调用自身的过程，例如：

```
void a( )
{…
  b( ); …
}
void b( )
{…
  a( );
   …
}
```

而递归函数如何进行定义呢？求 $n!$为例。我们将求阶乘的函数定义为 *fact*(n)，则当 $n>0$ 时都有 $fact(n)=n\times fact(n-1)$。假设 $n=5$ 则调用 *fact*(5)，要想求 fact(5)的值，只要求得 *fact*(4)的值即可，同理要求 *fact*(4)的值，只要求得 *fact*(3)的值即可……因而会无限地往下递归，程序无法得到终止。这个时候，我们就要找到一个终止条件，那就是 $n=0$ 时，$fact(n)=n\times fact(n-1)$公式已经不适用了，这就是需要终止的地方，即当 $n=0$ 时，直接给出 $fact(0)=1$，将值返回，则可得 *fact*(1)的值，同理可得 *fact*(3)、*fact*(4)的值，最后将其值回代得到 *fact*(5)的值。因此，函数递归调用一定要有递归终止的条件，即当传递过去某个参数时，函数值不是函数调用函数本身，而是一个确定的常量。这也说明，递归函数的定义应包括两部分：递推公式和函数终止条件。

用 C 语言定义递归函数的一般形式为：

```
返值类型　递归函数名 fun（参数说明表）
{
```

```
    if(递归终止条件)
        返回值 p=递归终止值;                           /*递归终止*/
    else
        返回值 p=递归调用 fun(…)的表达式;              /*递归调用，转化成简单问题*/
    return  p;
}
```

6.2.2 递归函数举例

例 6.3 用递归法求 *n*!。

程序如下：

```
#include <stdio.h>
unsigned long fact(int n)
{
    unsigned long p;
    if(n==1)
        p=1;
    else
        p=n*fact(n-1);
    return p;
}
main( )
{
    int n;
    unsigned long p;
    scanf("%d", &n);
    p=fact(n);
    printf("%d!=%lu\n", n, p);
}
```

分析它的递归调用和值的回代过程（设 *n*=5），如图 6.3 所示。主函数对 *fact*(5)进行 0 级调用时，*n*=5 不满足 *n*==1 的条件，此时必须进行 1 级调用，得到 *fact*(4)的值后，才能得出 *fact*(5)=5**fact*(4)，同样，计算 *fact*(4)时需进行 2 级调用 *fact*(3)，计算 *fact*(3)要进行 3 级调用 *fact*(2)，计算 *fact*(2)需进行 4 级调用 *fact*(1)，此时 *n*=1，满足条件 *n*==1，得到 *p*=1，返回值 *p*=1 即 *fact*(1)至上层调用函数 *fact*(2)处，得到 *p*=2*1=2，返回 *p*=2 即 *fact*(2)至上层调用函数 *fact*(3)处，得到 *p*=3*2=6，返回 *p*=6 即 *fact*(3)至上层调用函数 *fact*(4)处，得到 *p*=4*6=24，返回 *p*=24 即 *fact*(6)至上层调用函数 *fact*(5)处，得到 *p*=5*24=120，返回 *p*=120 即 *fact*(5)至上层调用函数 *main* 处，输出运算结果。

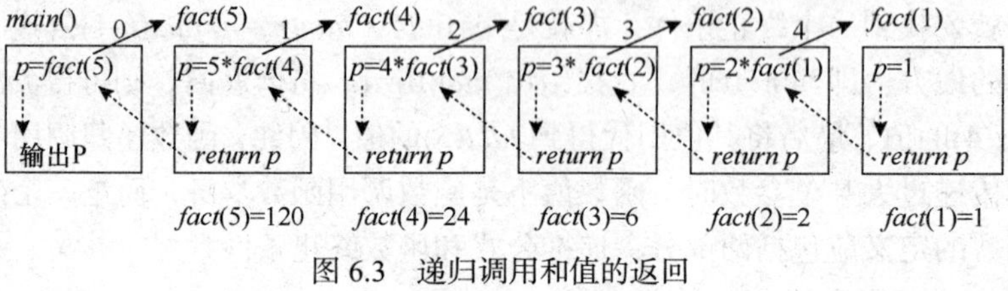

图 6.3 递归调用和值的返回

例 6.4 汉诺塔问题。

有 3 个塔，每个都可以堆放若干个盘子。开始时，所有盘子均在塔 A 上，并且，盘从上到下，按直径增大的次序放置（见图 6.4）。设计一个移动盘子的程序，使得塔 A 上的所有盘子借助于塔 B 移到塔 C 上，但有两个限制条件：一是一次只能搬动一个盘子，二是任何时候不能把盘子放在比它小的盘子的上面。

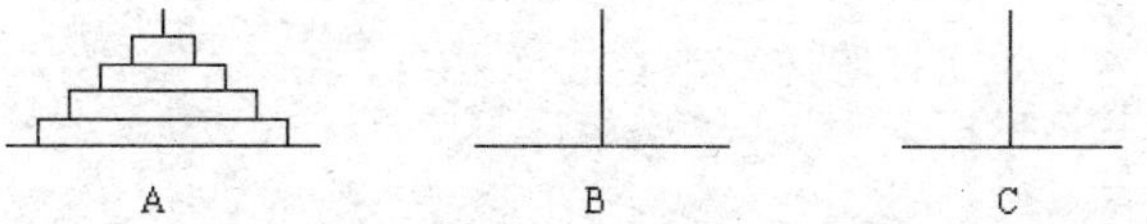

图 6.4　汉诺塔问题示意图

解题思路：要移动这 n 个盘子，可以定义一个函数：

```
move(n, a, b, c)
```

其中字符型变量 a、b、c 分别表示 A、B、C 3 个塔，函数 move(n，a，b，c)表示将 n 个盘子从 A 塔（借助于 B 塔）移到 C 塔。则这个问题可以使用递归调用方法解决，在 n>0 的前提下，函数 move(n，a，b，c)通过下列两步实现移动。

（1）move(n−1，a，c，b)：即将 n−1 个盘子从 A 塔（借助于 C 塔）移到 B 塔。目的是让 A 塔上的第 n 个盘子（最下面的盘子）上无其他盘子。

（2）将底下的第 n 个盘子从 A 塔移到 C 塔。

（3）move(n-1, b, a, c)：即将 n−1 个叠放在 B 塔上的盘子（借助于 A 塔）移到 C 塔。

程序清单如下：

```
#include <stdio.h>
int step=0;
main()
{
    int n;
    scanf("%d",&n);
    printf("n=%d\n",n);
    move(n,'a','b','c');
}
move(int n,char a,char b,char c)
{
    if(n>0)
    {
        move(n-1, a,c,b);
        step++;
        printf("step%d: %c-->%c\n",step,a,c);
        move(n-1,b,a,c);
    }
}
```

例 6.5　用辗转相除法求最大公约数。

解题思路：设两个整数为 m，n，求最大公约数的递归算法：

　　if (m % n) == 0　　n 是公约数;

　　else　　求 n 和 m % n 的公约数;

程序如下：

```
#incloud<stdio.h>
  int zdgys(int m, int n)
```

```
 { if (m % n) == 0
     return  n ;
      else
     return  zdgys(n, m % n);
      }
void main()
{ int m,n,t;
int zdgys(int m, int n);
scanf("%d %d",&m,&n);
if (m<n)
  {t=m; m=n; n=t; }
t= zdgys( m,  n);         /*调用函数 zdgys(m,  n); */
   print("最大公约数为%d\n",t);
}
```

程序运行情况如下：

```
27, 18
最大公约数为 9
```

6.3　变量的存储类型和作用域

C 语言程序由函数组成，每个函数都要用到一些变量。而一般情况下要求各函数的数据各自独立，可有时候，各函数之间又有一些联系，甚至各函数、各文件之间会共享某些数据。本节主要学习变量的存储类型和变量的作用域。

6.3.1　变量存储类型

C 语言中变量的定义有两个属性：一是定义变量的数据类型；另一个是定义变量的存储类型。变量的数据类型规定了变量的存储空间大小和取值范围，而变量的存储类型规定了变量的生存期和作用域。完整定义一个变量的一般形式为：

[存储类型]　数据类型　变量标识符表；

其中[ ]内为可缺省项，我们之前写成 int a，这时候就是缺省了存储类型。根据变量的存储类型不同我们将变量分为 4 种类型，分别是自动型、寄存器型、外部型和静态型，其说明符分别是 auto、register、extern 和 static，而缺省的情况下就默认是 auto 型。根据作用域不同，我们将变量分为全局变量和局部变量。

不同存储类型的变量在计算机内部的存放位置是不同的。不同的存放位置决定了变量的类型，也就决定了变量的生存期和作用域。变量可以存放在内存中的动态数据存储区或静态数据存储区中，也可以存储在 CPU 的寄存器中。

1．自动型（auto）

自动型变量分配在内存的堆栈段，内存的堆栈段在程序的运行过程中是重复使用的，当希望某个变量只在函数内使用时可将其定义成自动型，以充分利用内存。若定义时省略了存储类型符，系统将默认其为自动型变量。

2．寄存器型（register）

一般使用频率较高的变量可以定义成寄存器型变量，它分配在 CPU 的通用寄存器中，它的存取速度比其他放在内存中的变量都快。由于 CPU 的通用寄存器数量有限，所以在程序中允许定义的寄存器变量一般以两个左右为宜。如果定义为寄存器变量的数目超过所提供的寄存器数目，编译系统自动将超出的变量设为自动型变量。寄存器变量只限于整型、字符型、指针型的局部变量。

3. 外部型（extern）

在函数外部定义的变量称为外部变量。外部变量不属于任何一个函数，其作用域是：从外部变量的定义位置开始，到本文件结束为止。外部变量可被作用域内的所有函数直接引用，所以外部变量又称全局变量。

4. 静态型（static）

静态型变量是分配在内存的数据段中。它们在程序开始运行时就分配了固定的存储单元，在程序运行过程中不释放，直到程序运行结束才释放它所占的存储空间。如果用 static 说明外部变量为静态型，则该外部变量只能在本程序文件中使用。静态存储类型的变量的生存期为程序执行的整个过程，在该过程中占有固定的存储空间，通常称它们为永久存储。动态存储类型变量只生存在某一段时间内。例如，函数的形参和函数体或分程序中定义的变量，只是在程序进入该函数或分程序时才分配存储空间，当该函数或分程序执行完后，变量对应的存储空间又被撤销了。

6.3.2　变量的作用域

关于变量的作用域，我们先看一个例子：

```
int sub( )
{ int t;
  t=a-b;
return t; }
main()
{ int a, b;
 printf("Enter a,b:");
 scanf("%d,%d", &a, &b);
 sub( );        /* 调用函数 f1( ) */
 printf ("a=%d,b=%d", a, b);
}
```

这个程序编译会出错，因为 sub()函数中的 a，b 并未定义，未定义就使用导致了编译出错，而 main()函数中的 a，b 虽然定义了，但它们的作用域却不包括 sub()函数。

所谓变量的作用域，即变量的有效范围。有两种情况：一种变量在从定义点开始到整个源程序结束都可有效，称为全局变量；另一种变量只能在从定义处到本函数结束有效，称为局部变量。全局变量都在源程序中所有函数体外定义，而局部变量只能在某一个函数体内定义，比如函数中的形参。其实我们之前遇到的变量大部分都是局部变量。不同函数中可以分别定义相同的变量，这些变量都是互相独立的个体，拥有独立的存储空间，所以它们互不干扰。如果函数体内的局部变量与全局变量重名，则在函数体内以局部变量为准，即局部变量会屏蔽全局变量。

1. 局部变量

局部变量在函数或复合语句内定义，且只在该函数或复合语句中才能使用。自动变量和寄存器变量都属于局部变量，其作用域就是在定义该变量的函数或复合语句内。因为编译系统对自动变量采用动态存储方式，即在函数运行时在堆栈中分配存储空间，一旦函数调用结束，程序运行控制权回到调用函数，为这个自动变量所分配的存储空间就被释放，即该自动变量不再存在。

例 6.6　局部变量作用域示例。

```
#include <stdio.h>
main()
{
    int x=30, y=40;
    {
        int x=50;
        x=x+10;
        printf("x=%d, ",x);
        printf("y=%d,",y);
    }
    x++;
    printf("x=%d\n", x);
}
```

程序运行结果为：

```
x=60, y=40, x=31
```

分析　语句 int x=30，y=40；定义的 x、y 变量是定义在主函数的内部，两变量的作用域是主函数。但语句 int x= 50；又定义变量 x 在一个复合语句中，该变量的作用域是所在的复合语句，同时将{}外面定义的 x 变量的作用域进行了屏蔽。因此在进行 x=x+10 进行计算时，应是复合语句中的 x 变量在起作用，即 x 值为 60；而进行 x++;的计算时，复合语句已经执行结束，复合语句中定义变量 x 时分配的存储空间将释放，此时使用的 x 应是主函数中定义的 x 变量，即 x 自增后值为 31。而 y 变量在后面的程序中没有进行再定义，所以只有外层的 y 发生作用。

2. 全局变量

定义在所有函数（包括主函数）外部的变量称为外部变量，外部变量是一种全局变量。

例 6.7　全局变量和局部变量的比较。

```
#include <stdio.h>
int  a,b;  /*a, b 为全局变量*/
   void f( )
  { int x,y,b;        /*x, y,b 为局部变量*/
    x=a * 4;
    a++;
   y = x-3;
b=18; /* b 与全局变量 b 重名，在这里全局变量 b 被局部变量 b 屏蔽*/
   printf ("f:x=%d,y=%d,a=%d,b=%d\n", x,y,a,b);
  }
 main( )
  { a=1; b=2;      /* 此 a,b 是全局变量，赋值 */
    f( );       /* 调用函数 f( ) */
    printf ("main: a=%d,b=%d", a, b);
   }
```

最后输出为：

```
f:x=4,y=1,a=2,b=18↙
main: a=1,b=2↙
```

在 *f* 函数中 *b* 的值是局部变量的值，所以与全局变量 *b* 没有关系，也就不影响 *main* 函数中 *b* 的值，所以 *b* 仍旧保持原来的 2，而 *a* 是全局变量，所以在 *f* 函数中 *a* 的变化会影响 *main* 函数中

a 的值。

外部变量的引用说明的一般形式为：

```
extern 外部变量数据类型　外部变量名表;
```

注意

（1）如果某个模块文件中要用到另一个模块文件中的全局变量，就要用 extern 说明。例如:程序模块 f1.c 中定义了全局变量

```
int x;
```

而在另一个程序模块 f2.c 中的函数 func( )中要使用这个 *x* 变量。则需要在 file2.c 的函数 func( )中加上外部变量说明语句。

```
func( )
{ extern int x;/*表明变量 x 是在其他文件定义的*/
   ...
}
```

（2）如果在全局变量定义之前的函数想引用该外部变量，则应该在该函数中用关键字 extern 作“外部变量说明”。

例 6.8　外部变量说明示例。

```
#include <stdio.h>
int x=10;
void f1( )
{
    x++;
    printf("x=%d, ", x);
    printf("y=%f\n", y);
}
main( )
{
    int x=1;
    x++;
    f1( );
    printf("x=%d, y=%f\n", x, y);
}
float y=2;
```

程序运行时，编译将提示变量 *y* 在 *f*1 和 *main* 函数中未定义。这是因为外部变量 *y* 是定义在 *f*1 和 *main* 函数之后，在 *f*1 和 *main* 函数中不能直接引用。*f*1 和 *main* 函数的定义应改成如下：

```
void f1( )
{
    extern float y;         /*外部变量的引用说明*/
    x++;
    printf("x=%d,",x);
    printf("y=%f\n",y);
}
main( )
{ extern float y;      /     *外部变量的引用说明*/
    int x=1;
    x++;
```

```
    f1( );
    printf("x=%d,y=%f\n",x,y);
}
```

所以为了免去这样的说明语句，我们建议全局变量放在整个程序的最前面进行定义。

综上所述，外部变量的引用可在不同的函数中多次进行，但外部变量的定义在一个源程序中只能定义一次，初始化也只能在定义外部变量时进行。另外，外部变量和局部变量在同一个模块中有效时，同名的局部变量将对外部变量发生屏蔽作用。

3. 静态变量

静态变量分静态局部变量和静态全局变量。

（1）静态局部变量

静态局部变量是定义在函数体的复合语句中，用关键字"static"进行标识的变量。静态局部变量定义的一般形式为：

```
static 变量数据类型 变量名表;
```

对于静态局部变量，系统在编译时将其内存单元分配在静态数据存储区，只有在编译时可以赋初值，以后每次调用时不再分配内存单元和初始化，只是保留上一次函数调用结束时的值。直到程序运行结束，对应的内存单元才释放。但其作用域还是所定义的函数或复合语句。因此静态局部变量是一种具有全局寿命却局部可见的变量。

例 6.9 静态局部变量示例。

```
main( )
{  int fun( ) ;     /*函数声明*/
   int j;
   for (j=0;j<=3;j++)
    printf ("%5d",fun( ));
}
int fun( )         /*无参函数*/
{  static int x=1;
   x+=x;
   return x;
}
```

程序运行结果：

```
2   4   8   16↙
```

从上述程序看，函数 fun()被调用 4 次，由于局部变量 x 是静态存储变量，它是在编译时只分配一次存储空间，整个程序结束时才释放空间，所以每次调用函数 fun()时，变量 *x* 均不再重新初始化，而保留之前遗留的值，因此得到上面的输出。

（2）静态全局变量

定义在所有函数（包括主函数）之外的 static 变量，称为静态全局变量。静态全局变量和外部变量都具有全局寿命，即在整个程序运行期间都存在，但静态全局变量只能在所定义的文件中使用，不能在其他文件中使用。这是与外部变量的不同之处。自动变量没有赋初值时，其值是一个随机值。而静态变量或外部变量没有赋初值时，数值型变量的值系统默认为 0。

例如：程序模块 f1.c 中定义了静态全局变量

```
static int x;
```

而在另一个程序模块 f2.c 中的函数 func( )中要使用这个 x 变量,这是不允许的，因为静态变量只能在它被定义的文件 f1.c 运行时分配空间。

将例 6.9 稍加改动，即得到静态全局变量的例子：

例 6.10

```
static int x=1; /  定义静态全局变量 /
main()
{  int fun( ) ;    /  函数声明 /
   int j;
   for (j=0;j<=3;j++)
    printf ("%5d",fun());
}
int fun( )          /  无参函数 /
{
   x+=x;
   return x;
}
```

程序运行结果：

```
2   4   8   16↙
```

6.4　编译预处理

编译预处理是在对源程序进行正式编译之前的处理。之前出现的以“#”开头的命令就是预处理命令，如“#include <stdio.h>”等。所谓预处理是指在进行编译的第一遍扫描（词法扫描和语法分析）之前所做的工作。当对一个源文件进行编译时，系统将自动引用预处理程序对源程序中的预处理部分做处理，处理完毕后自动进入对源程序的编译。

C 语言提供了 3 种预处理命令，即文件包含、宏定义和条件编译。为与通常的 C 语句区别开，预处理命令以“#”开头，并占用一个单独的书写行，语句结尾不加分号。它们可以写在程序中的任何位置，作用域是自出现点到源程序的末尾。

6.4.1　文件包含命令

1. 文件包含命令的作用

如果文件 A 中有一条文件包含预处理命令：

```
#include <B>
```

该命令将指定文件 B 的内容加到文件 A 中“#include <B>”命令处的位置，共同组成一个程序文件，即在文件 A 中产生文件 B 的一个副本。

例如：

```
#include <stdio.h>    /*把含有输入/输出标准函数的头文件包含到当前源程序文件中*/
# include <math.h>    /*把含有标准数学函数的头文件包含到当前源程序文件中*/
```

2. #include 命令的两种形式

格式 1：

```
#include  <文件名>
```

本命令的特点是在文件名的首尾用尖括号括起来。文件名可以带路径。在预处理时将只在所指定的标准目录（即 C 系统安装后形成的 include 子目录，该子目录中有系统提供的头文件）中查找包含文件。

格式 2：

```
#include  "文件名"
```

本命令格式的特点是在文件名的首尾用双引号括起来。其中，文件名指出的是待包含进来的文件，且可以带路径。若文件名带路径，则预处理时在指定的路径下去查找。若查找不到，再到系统指定的标准目录中找。找到文件后，用文件内容替换该命令。因此格式二的查找功能包含了格式一的查找功能。另外，两种格式的 include 后可以不带空格。

例 6.11　设计一个求 *n*! 的函数，存放于文件 fuction.c 中，然后设计主函数文件 file.c，计算 $p=n!/m!/(n-m)!$。

可以编写文件 function.c 如下：

```
/*fuction.c*/
long int fact(int n)
{
    long int p=1;
    int k;
    for(k=1; k<=n; k++)
        p=p*k;
    return p;
}
```

另一文件 file.c 的内容如下：

```
/*file.c*/
#include <stdio.h>
#include "fuction.c"
main( )
{
    int m, n;
    long int p;
    printf("Input n, m(n>m): ");
    scanf("%d, %d", &n, &m);
    p=fact(n)/fact(m)/fact(n-m);
    printf("%ld\n", p);
}
```

语句#include "fuction.c"需要注意这个文件的路径，必须在默认路径下才可以这样写，如果不在默认路径下则要将路径加上，比如#include "D:\TC\fuction.c"。

6.4.2　宏定义

宏定义也称之为宏替换，有不带参数的宏和带参数的宏两种。

宏定义的作用是用标识符来代表一串字符，一旦对字符串命名，就可在源程序中使用宏定义标识符，系统编译之前会自动将标识符替换成字符串。

1. 不带参数的宏

不带参数的宏定义的一般形式为：

```
#define  宏名  宏体
```

其中，“#”表示这是一条预处理命令，“define”为宏定义命令；“宏名”为一个合法的标识符，一般建议用大写字母，以与非预处理中的变量名相区别；“宏体”可以是常数、表达式或语句，甚至可以是多条语句。三者之间要用一个或多个空格分隔。

例如：

```
#define  PI  3.1415926
```

在预处理时，系统在该宏定义以后出现的每一个宏名都用宏体来代替，这个过程叫宏替换。

例 6.12　求球的表面积和体积。

```
#include <stdio.h>
#define  PI  3.1615926
main( )
{
float s, l, r;
scanf("%f", &r);
s=6*PI*r*r;
l=6*PI*r*r*r/3;
printf("Area=%f, Volume=%f\n", s, l);
}
```

在预处理时，系统会将 main 函数中所有的宏名 PI 自动替换成 3.1615926。预处理之后上述文件将变为：

```
main( )
{
    float s, l, r;
    scanf("%f", &r);
    s=6*3.1615926*r*r;
    l=6*3.1615926*r*r*r/3;
    printf("Area=%f, Volume=%f\n", s, l);
}
```

采用宏定义后，如果要修改 PI 值，只需在宏定义处修改 PI 值即可，而不需在计算面积和体积等多处修改，减少了代码修改量。

2. 带参数的宏

带参数宏定义的一般形式为：

```
#define  宏名(参数)宏体
```

例如：

```
#define  MUL(x,y)    x*y
#define  MOD(x, y)   x%y
```

乍一看，宏定义和带参的函数有些相似，但宏替换只是一种简单的替换，它不能进行计算或有其他的功能。

```
mul=MUL(a+b,c-d);
```

程序在预处理时，将被替换成如下语句：

```
mul= a+b*c-d;
```

而不是像函数的参数传递一样，先把 a+b 和 c-d 先算出来再替换。

注意

双引号内与宏同名的字母不作宏展开，比如：

```
printf ("MUL(a+b,c-d)=%f\n", MUL(a+b,c-d));
```

其中第一个即在“”内的 MUL(a+b,c-d)是不作替换的。

6.4.3* 条件编译

一般情况下，源程序的所有语句都会参加编译。但有时若希望只对其中的部分满足条件的语句进行编译，则就要用到“条件编译”。条件编译是在对源程序编译之前的处理中，根据给定的条件，决定只编译其中的某一部分源程序，而不编译另外一部分源程序。

1. 控制条件为常量表达式的条件编译

（1）类单分支格式：

```
#if  常量表达式
     程序段
    #endif
```

功能是：常量表达式为非 0 时，程序段被编译。否则，程序段不被编译。

（2）类双分支格式：

```
#if 常量表达式
      程序段 1
   #else
      程序段 2
   #endif
```

功能是：如果常量表达式的值为真（即非 0），则在程序编译时只对程序段 1 进行编译，否则只对程序段 2 进行编译。

（3）类多分支格式：

```
#if  常量表达式 1
       程序段 1
 #elif  常量表达式 2
      程序段 2
      #elif 常量表达式 n
       程序段 n
   #else
   程序段 n+1
   #endif
```

其中，elif 是 else if 的简化形式。之前的每一个#if 的结尾都要加一句#endif。

2. 控制条件为定义标识符的条件编译

（1）格式 1：

```
#ifdef 标识符
   程序段 1
#else
```

```
   程序段 2
#endif
```

功能是：如果标识符已经被#define 命令定义过，则在程序编译时只对程序段 1 进行编译，否则只对程序段 2 进行编译。其中的程序段既可以是一条语句，也可以是一组语句。如果是一组语句，也不必像复合语句一样加上花括号。

（2）格式 2：

```
#ifndef 标识符
    程序段 1
#else
    程序段 2
#endif
```

格式 2 与格式 1 的不同之处是将“ifdef”改成“ifndef”。其功能是：如果标识符没有被#define 命令定义过，则在程序编译时只对程序段 1 进行编译，否则只对程序段 2 进行编译。这与格式 1 的功能恰好相反。

例 6.13　条件编译命令的综合举例。

```
#define  flag  1
Main( )
{int   x;
#ifdef  flag
  scanf("%d", &x);
#else
x=0;
#endif
  #if   flag
        printf("%d",x);
  #else
        printf("%d",-x);
 #endif
}
```

在上例中，标识符 flag 在第 1 行已定义，因此，编译时执行 scanf 语句。如果将第 1 行删除，则编译时执行 x=0。因为 flag 值为 1，是非零值，所以编译时执行 printf(“%d”,x);。如果 flag 值为 0，则编译时执行 printf(“%d”,-x);。

所以预编译处理后，程序简化为：

```
main( )
{int  x;
  scanf("%d",&x);
   printf("%d",x);
}
```

输入：

```
8↙
```

程序运行结果为：

```
8
```

6.5* 综合与提高

为了让大家更好地学习本章内容，这里将知识点容易混淆和犯错的地方列举出来，并提出一些综合性的示例帮助大家融会贯通。

6.5.1 函数使用中的常见错误

这一章的知识点较多，在函数的编写和使用时容易出现一些错误，这里将一些常见的错误列举出来，让大家在使用时能尽量避免这些错误的发生。

1. 实参与形参个数不同

例 6.14 求下面表达式的值：

s=1+1/3+(1×2)/(3×5)+(1×2×3)/(3×5×7)+⋯+(1×2×3×⋯×n)/(3×5×7×⋯×(2×n+1))，并给出当 n=20 时，程序的运行结果（按四舍五入保留 10 位小数）。

程序清单如下：

```
#include <conio.h>
#include <stdio.h>
#include <math.h>
double fun(int n)
{ double s, t; int i;
  s=1;
 t=1.0;
  for(i=1;i<=n; i++)
  { t=t*i/(2*i+1);
   s=s+t;
  }
  return s;
}
main()
{printf("\n %12.10lf", fun());   //error
}
```

其中的 error 行有问题，因为 fun()函数里的参数是 1 个，而调用的时候，实参个数为 0，这样就出现了此类问题，我们可以这样修改，error 行中“fun()”改为“fun（20）”，使得形参与实参的个数相等。

2. 实参与形参的类型不符

在例 6.14 中，如果将 error 行中“fun()”改为“fun（20.4）”就会出现实参与形参类型不符的问题，这里的实参 20.4 是浮点型，而 fun 的参数 n 是 int 型，这也是容易犯的错误，这时 20.4 会被强制转换成 int 类型。

3. 函数没有返回值，却被用于赋值

例 6.15 输出图案。

```
void putline()
   { int i;
    for (i=0;i<35;i++)
     printf("-");
    printf("\n");
```

```
  }
main()
{int i;
i=putline();//error
}
```

这个程序中，putline()是没有返回值的，所以根本无法赋值给 i，这里可以将“i=”去掉。

4. 函数被调用前未定义或未声明

例 6.16　求两个数据中的最大值。

```
main()
{ int a,b,m;                              /*说明变量*/
 scanf("%d,%d",&a,&b);
 m=max(a,b);
 printf("max=%d\n",m));
 }
int max(int a,int b)                      /*定义函数 max*/
{
 int y;
 y=(a>b)? a:b;
  return y;
}
```

这个 max()函数的定义在调用之后，且没有进行函数声明，所以是错误的，这时可以在 m=max(a,b); 语句前加一句声明语句 int max(int a,int b); 即可。还可以将 max 函数的定义调整到主调函数之前。

5. 函数返回值类型和 return 类型不同

比如，以下这个函数：

```
int funct()
{ char ch;
  ch=getchar( );
  while((ch<'a')||(ch>'z'))
   ;
  return ch;
}
```

这里 funct() 返回值为 int 类型，而 ch 却是 char 类型，这时，以 funct()函数返回值类型为准，即这里最后的函数值为 int 类型。

6.5.2*　综合举例

为了巩固函数涉及的知识，我们给出一些综合性的示例。

例 6.17　用自定义函数的形式求 500 以内的所有的素数之和。

解题思路：定义一个函数 prime 用来判断一个数是否为素数，以返回值的不同来确定，如果返回值为 1，则为素数；返回值为 0，则不是素数。

```
#include <stdio.h>
#include <math.h>
int prime(int n)
{ int yes, i;
  if(n<=1) {return 0;}
  yes=1;
```

```
  for(i=2; i<=sqrt(n); i++)
    if(n%i==0){ yes=0; break;}
  return yes;
}
main()
{ int sum=0, i;
  for(i=2;i<=500; i++)
   if(prime(i)) sum+=i;
  printf("%d\n", sum);
}
```

例 6.18 计算：$s=f(-30)+f(-29)+\cdots+f(-1)+f(0)+f(1)+\cdots+f(30)$的值。其中函数定义如下：

当 $x=0$ 或 $x=2$ 时，$f(x)=0$；当 $x\geqslant 1$ and $x!=2$ 时，$f(x)=(x+1)/(x-2)$；当 $x<0$ 时，$f(x)=(x-1)/(x-2)$。并给出正确程序的运行结果（按四舍五入保留 6 位小数）。

解题思路：这里要注意 *x* 不等于 2 的情况，要把(*x*==0 || *x*==2)条件写在前面，这样在后面使用 else 时，就能直接避免 *x*==2 的情况，这时可以省略 *x*!=2 这个条件。这道题，我们可以用两个自定义函数，*f*()函数用于计算每一项的值，*fsum*()用于计算这些项的和，而主函数只要负责调用这个求和函数即可。

```
#include <stdio.h>
#include <math.h>
double f(double x)
{ if(x==0 || x==2)
   return 0.0 ;
  else if(x<0.0)
   return (x-1)/(x-2);
  else
   return (x+1)/(x-2);
}
double fsum(int n)
{ int i; double s=0.0, y;
  for(i=-n; i<=n;i++)
  {y=f(1.0*i); s+=y;}
  return s;
}
main()
{
 printf("%.6lf\n", fsum(30));
}
```

习　　题

一、选择题

1. C 语言中函数形参的缺省存储类型是（　　）。

   A. 静态(static)　　　　B. 自动（auto）

   C. 寄存器（register）　　　　D. 外部（extern）

2. 函数调用语句 function((exp1,exp2+7))中含有的实参个数为（　　）。

   A. 0　　B. 1　　C. 2　　D. 3

3. 下面函数返回值的类型是（　　）。

```
FUN(float x)
{
    return x*x;
}
```

A. 与参数 x 的类型相同　　B. void 型
C. 无法确定　　D. int 型

4. 要想在程序中使用 sqrt()库函数，必须在文件头部加如下（　　）语句：

A. #include <stdio.h>　　B. #include <math.h>
C. #include <stdlib.h>　　D. #include <string.h>

5. 一个函数返回值的类型取决于（　　）。

A. return 语句中表达式的类型　　B. 调用函数时临时指定
C. 定义函数时指定或缺省的函数类型　　D. 调用该函数的主调函数的类型

6. 下面叙述中，正确的是（　　）。

A. 函数的定义可以嵌套，但函数调用不能嵌套
B. 为了提高程序执行效率，编写程序时应该适当使用注释
C. 变量定义时若省去了存储类型，系统将默认其为静态型变量
D. 函数中定义的局部变量的作用域在函数内部

7. 在一个源程序文件中定义的全局变量的有效范围为（　　）。

A. 一个 C 程序的所有源程序文件　　B. 该源程序文件的全部范围
C. 从定义处开始到该源程序文件结束　　D. 函数内全部范围

8. 某函数在定义时指明函数返回值类型为 int，但函数中 return 语句中返回值的类型为 char，若调用该函数，则正确的说法是（　　）。

A. 没有返回值　　B. 返回值类型为 int
C. 返回值类型为 char　　D. 返回一个不确定的值

9. 某 C 程序由一个主函数 main( )和一个自定义函数 max( )组成，则该程序（　　）。

A. 总是从 max( )函数开始执行　　B. 写在前面的函数先开始执行
C. 写在后面的函数先开始执行　　D. 总是从 main( )函数开始执行

10. 下面正确的叙述是（　　）。

A. 在某源程序不同函数中全局变量和局部变量重名时，都以全局变量的值为准
B. 函数中的形式参数是外部变量
C. 在函数内定义的变量只在整个源程序都有效
D. 在函数内的复合语句中定义的变量只在这个复合语句中有效

二、填空题

1. 求 s=1！+2！+3！+…+10！。

程序如下：

```
#include <stdio.h>
long int factorial(int n)
{
    int k=1;
    long int p=1;
    for(k=1; k<=n; k++)
```

```
        p=p*k;
        【1】      ;
}
main( )
{
    int n;
    float sum=0;
    for(n=1;n<=10;n++)
        sum=sum+factorial(n);
    printf("%6.3f\n", 【2】);
}
```

2. 下面的程序是求表达式的值：

$s=1+1/3+(1\times2)/(3\times5)+(1\times2\times3)/(3\times5\times7)+\cdots+(1\times2\times3\times\cdots\times n)/(3\times5\times7\times\cdots\times(2\times n+1))$请将程序补充完整，并给出当 $n=20$ 时，程序的运行结果（按四舍五入保留 10 位小数）。

```
#include <stdio.h>
#include <math.h>
double fun(int n)
{ double s, t; int i;
      【3】
  t=1.0;
  for(i=1;i<=n; i++)
  { t=t*i/(2*i+1);
       【4】
  }
  return s;
}
main()
{printf("\n %12.10lf", fun(20));
}
```

三、程序阅读题

1. 下面程序运行的结果是______。

```
#include <stdio.h>
#define  MAX_COUNT  5
void fun( );
main( )
{
    int n;
    for(n=1; n<=MAX_COUNT; n++)
        fun( );
}
void fun( )
{
     static int k;
     k=k+1;
     printf ("%2d", k);
}
```

2. 下面程序运行的结果是______。

```
int x=1, y=2;
sub(int y)
{ x++;
```

```
y++;
}
main()
{ int x=2;
sub(x);
printf("x+y=%d", x+y);
}
```

3. 下面程序运行的结果是______。

```
#define SUB(x, y)(x)*y
main()
{ int a=3, b=4, c;
c=SUB(a++, b++);
printf("%d, %d, %d\n", a, b, c);
}
```

4. 下面程序运行的结果是______。

```
#define y 1
main()
{ int x=1;
printf("x=y: %d, x==y: %d, 'x'=='y': %d\n", x=y, x==y, 'x'=='y');
}
```

5. 下面程序运行的结果是______。

```
#define N 2
#define M N+1
#define NUM(M+1)*M/2
main()
{ int i, n=0;
for(i=1; i<=NUM; i++)
{n++; printf("%d", n); }
}
```

四、编程题

1. 已知 Fibonacci 数列为 1, 1, 2, 3, 5, 8, 13……试用递归法编写求 Fibonacci 数的函数，在主函数中输入一个自然数，输出不小于该自然数的最小的一个 Fibonacci 数。

2. 已知某数列为：

```
F(0)=F(1)=1
F(2)=0
F(n)=F(n-1)-3F(n-2)+2F(n-3)(n>2)
```

求 $F(0)$到 $F(10)$中的最大值和最小值，以及值等于 0 的个数。

3. 编写函数 digit(n，k)，它返回数 n 从右边开始的第 k 个数字的值。例如：

digit(123456,3)返回值为 4；digit(123,4)返回值为−1。

4. 试用递归的方法编写一个返回长整型的函数，以计算斐波纳契数列的前 20 项。该数列满足：$F(0)=1$，$F(1)=1$，$F(n)=F(n-1)+F(n-2)$（$n>2$）。

5. 如果一个数等于其所有真因子（不包括其本身）之和，则该数为完数，例如，6 的因子有 1、2、3，且 6=1+2+3，故 6 为完数，求 2～999 中的完数。

第7章 数组

C 语言提供了多种数据类型，除了前面介绍的整型、实型和字符型等基本数据类型外，还有一些扩展的数据类型，如数组、指针、结构和联合等。由于它们是由基本数据类型按一定规则组成的，所以被称为构造数据类型。

本章介绍一种最常用的构造数据类型——数组。数组是具有一定顺序关系的若干个同类型变量的集合。在数组中，每一个变量称之为一个数组元素。数组元素由其所在的位置序号（数组的下标）来区分。按照数组元素的类型可把数组分为整型数组、实型数组、字符型数组和指针型数组等。按照下标的个数又可以把数组分为一维数组、二维数组和多维数组。

本章主要讨论数组的定义、数组元素的引用、字符数组与字符串以及数组作为函数参数等相关问题。

7.1 一 维 数 组

先讨论一个问题：输入 100 名学生的成绩，并对这些成绩进行排序。

我们可以采用循环结构来获取 100 个学生的成绩，但如果是排序的话，就需要先将这些成绩存储起来，然后通过算法进行有序的排列。这 100 个成绩就要分配 100 个存储单元，即要定义 100 个变量。

7.1.1 一维数组的定义与初始化

给 100 个变量起名字就是一件很麻烦的事，对于这样具有相同的特性，可以看成一类数据的变量，我们就可以用数组进行定义。

1. 一维数组的定义

与变量的定义一样，数组也遵循“先定义后使用”的原则。一维数组的定义格式为：

```
存储类型  类型标识符  数组名[常量表达式];
```

例如：

```
static short  score[8];
```

这个被定义的数组，数组名为 score，共有 8 个元素，每个元素的数据类型均为短整型，这 8 个元素均为静态变量。

定义一个数组之后，C 编译程序会为所定义的数组在内存中分配一块连续的存储区域，刚才定义的 score 数组在内存中的排列如图 7.1 所示。

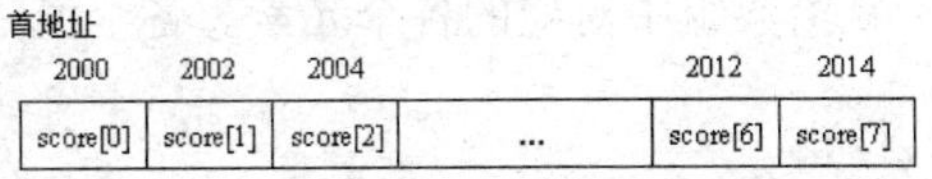

图 7.1　数组在内存中的排列

根据定义，score 数组含有 8 个元素，在内存中，这 8 个数组元素共占用 8 个连续的存储单元，每个存储单元为两个字节，只能存储一个 short 型数据，第一个元素对应的存储单元的地址称为数组首地址（图中假设数组首地址为 2000）。

定义一维数组应遵循以下规则说明。

（1）类型标识符用来说明数组元素的数据类型，如 int、char、float 或 double 等。存储类型说明数组的存储属性，即数组的作用域与生成期，可以是静态型（static）、自动型（auto）及外部型（extern）。当使用 auto 型时可以省略，我们现在所用都是 auto 型，故省略之。之前说过的 register 类型由于能定义的变量数量有限制，所以不适宜用来定义数组。

（2）数组名由用户自定义，与变量名的命名一样，遵循标识符命名规则。数组元素的下标的取值范围是[0，元素个数-1]，上例定义的 score 数组的 8 个元素的名字由数组名加上[下标]表示，分别是 score[0]、score[1]、score[2]、score[3]、score[4]、score[7]、score[6]和 score[7]。注意最大下标是 7 而不是 8，不要弄错，否则会影响程序正确性。

（3）常量表达式定义数组的长度，表示数组的元素个数。但要注意，数组在内存中所占的字节数=数组长度×元素类型长度。图 7.1 定义的数组 score 在内存中所占字节数=8×2=16。

数组元素地址=数组首地址+元素下标*sizeof(数组类型)

例如：score[3]的地址为 2000+3×2=2006，也就是表示 score[3]元素所占的空间地址是 2006 和 2007 两个字节。

（4）常量表达式中一般可以包括整型常量、字符常量或符号常量，但不能包括实型（符号）常量或字符串（符号）常量。例如：

```
#define  N  10
int a[N];
int b[10];
int c['a'];
```

是合法的定义。其中 N 是符号常量，10 是整形常量，'a' 是字符常量（就是代表它所对应的 ASCII 码值 97）。

```
int a[3.14+"pi"];
```

是不合法的。因为 3.14 是实型常量，"pi"是字符串常量。

（5）常量表达式中不能包含变量。例如：

```
int n=8;
int score[n];
```

是不合法的，因为 n 是一个变量，不能用在表示数组长度的表达式中，数组长度必须在编译时就确定下来，而变量的值只有到程序运行时才能确定下来。

2. 一维数组的初始化

数组的初始化就是在定义数组的同时为数组元素赋初始值。一维数组在定义时进行初始化的格式为：

```
类型标识符 数组名[常量表达式]={值1，值2，…，值n};
```

其中，花括号中的各个值依次赋给数组中对应的各个元素。各个值之间用逗号隔开。例如，数组定义及初始化语句为：

```
int  x[7]={1,2,3,4,7};
```

则有：

```
x[0]=1; x[1]=2; x[2]=3; x[3]=4; x[4]=7;
```

在初始化一维数组时，有以下 3 种情况。

（1）若{ }中初值的个数 < 数组元素个数，则只有数组的前面一部分元素可以获得初值，后部分没有获得初值的元素则会赋相应类型的默认值（如 int 型置 0，char 型置空字符'\0'，float 型置实数 0.000000 等）。例如：

```
int  a[5]={1,2,3};
```

则有：a[0]=1; a[1]=2; a[2]=3; a[3]=0; a[4]=0。

（2）若{ }中初值的个数=数组元素个数，则在数组定义时可省略[ ]中的常量表达式，此时数组长度由系统根据{ }中值的个数来决定。例如：

```
int  x[ ]={1,2,3,4,5};
```

就相当于 int x[5]={1,2,3,4,5}。

（3）若{ }中初值的个数 > 数组元素个数，则编译时会出现"too many initializers"之类的错误，表示初值个数太多。例如，定义：

```
int  x[5]={1,2,3,4,5,6};
```

是不合法的。因为初值个数为 6，超过了定义的数组长度 5。

（4）若一个静态（static）或外部数组不进行初始化，则对数值型数组隐含初值为 0，对字符数组，隐含初值为空字符'\0'。

7.1.2 一维数组的使用

下面我们来讨论定义数组后如何使用数组。

1. 一维数组的引用

由于每一个数组元素其实可以看成一个独立变量，所以数组元素可以像普通变量一样参加各种运算，而数组却不能以整体形式参与各种运算，即在程序中不能一次引用整个数组而只能逐个引用数组元素。一维数组元素的引用形式为：

```
数组名[下标]
```

其中，下标可以是整型常量、整型变量或整型表达式。例如，定义：

```
int a[5]={10,20,30,40,50};
```

则其 5 个元素的引用形式为：a[0]、a[1]、a[2]、a[3]和 a[4]。例如：

```
a[3]
a[5-2]
a[i]  (int i=3)
```

都表示引用 a 数组的第 4 个元素 a[3]（下标从 0 开始）。由上例，在引用数组元素时，下标可以是整型变量。

注意

在定义数组时，数组长度是不能为整型变量的。

2. 一维数组的输入

之前我们通过初始化对一维数组各元素进行赋值，除此之外我们还可以在程序运行期间用赋值语句或键盘输入语句 scanf( )为数组元素赋值。由于数组元素个数不止一个，且都是重复性的赋值操作，所以一般用循环语句来完成。例如：

```
int  i, a[10];
for(i=0; i<10; i++)
    a[i]=i;                              /*用赋值语句为数组元素赋值*/
```

或

```
for(i=0; i<10; i++)
    scanf ( "%d", &a[i] );               /*从键盘为数组元素输入值*/
```

注意

赋值时的下标范围——[0,数组长度−1]，所以上例是从 0 到 9，不包括 10。

3. 一维数组的输出

一维数组的输出和输入类似，都是利用循环语句将数组的元素逐个地输出。例如：

```
int i, a[10]={1,2,3,4,7,6,7,8,9,10};
for(i=0;i<10;i++)
    printf ("%7d",a[i]);
```

综上所述，数组元素就是一种带下标的变量，它跟普通变量一样可以赋值、输入和输出。不过，“数组名”是不能当成普通变量一样使用的。例如，定义：

```
int  a[10]={1,2,3,4,7,6,7,8,9,10};
scanf("%d", &a);
printf("%d", a);
```

以上的输入输出就是错误的。

例 7.1　从键盘上输入 5 个数，输出最大、最小的元素以及它们的下标。

解题思路：最大/小值采用打擂台的方法算出。

（1）定义一维数组 a 存放被比较的数。

定义变量 max：最大值；min：最小值；k：最大值下标；j：最小值下标 。

（2）各数依次与擂主进行比较，

若 a[i]>max，则 max=a[i]; k=i;

否则判断：若 a[i]<min，则 min=a[i]; j=i;。

（3）当所有的数都比较完之后，输出 max、min 和对应的下标。

```
#define   N  5
#include <stdio.h>
 main( )
{    int i,j,k, max,min;     static int a[5];
     for (i=0;i<5;i++)  scanf("%d",&a[i]);
         max=min=a[0];                /*假定第一个元素既是最大的，也是最小的*/
     j=k=0;                           /*对分别记录最大、最小元素下标的变量 j、k 初始化 */
     for (i=0;i<5;i++)
```

```
        { if (max<a[i]) { max=a[i];j=i;}  /*把当前最大值送 max,下标送 j*/
          else if (min>a[i]){ min=a[i];k=i;}
        }
      printf("max:a[%d]=%d,min:a[%d]=%d",j,max,k,min);
  }
```

7.1.3 字符数组与字符串

字符数组是其元素类型为字符类型的数组，其定义与前面介绍的数组定义相同。

例如：`char ch[7]={'s','t','u','d','e','n','t'};`

用双引号（" "）括起来的一串字符，称之为字符串。例如"How are you! "。在存储时，C 语言编译器会自动地在字符串末尾加上结束符'\0'。字符串一般会被放在字符数组中。

字符数组中的每一个元素都可以存放一个字符，则一个字符数组可以存放多个字符，也可用于存放长度不同的字符串。字符数组在存放字符串时，要在字符串加一个结束符'\0'。所以，一个字符串用一维数组来装入时，数组元素个数至少要比字符数多一个。例如：

```
char  ch[9]="student";
```

定义了一个字符数组 ch，存放的字符串中字符数为 7，考虑到还有 1 个字符串结束符'\0'，定义的数组长度不能少于 8，这里定义成 9。

字符数组的定义、初始化、输入及输出等操作跟前面介绍的一维数组的规定是基本一致的。

例如：`char  c[8]={'G','O','O','D'};`

定义后，数组在内存中的存放如图 7.2 所示（图中假设首地址为 2000）。

地址：	2000	2001	2002	2003	2004	2005	2006	2007
	G	O	O	D	\0	\0	\0	\0
	c[0]	c[1]	c[2]	c[3]	c[4]	c[5]	c[6]	c[7]

图 7.2　数组 c 在内存中的存放情况

还可以用字符串常量对字符数组进行初始化。例如：

```
char  c[7]={"GOOD"};           /*C 编译器会自动地在字符串末尾加上结束符'\0'*/
```

等价于：`char  c[7]="GOOD";`　　　/*字符串常量外面的大括号可以省略*/

例 7.2　初始化字符数组并输出。

```
#include <stdio.h>
void main()
{int k;
char s[12]={'H', 'o', 'w', ' ', 'a', 'r', 'e', ' ', 'y', 'o', 'u', '? '};
 for (k=0; k<12; k++)
putchar(s[k]);
}
```

输出：`How are you?`

7.1.4 字符串操作

针对字符串，我们有专门的操作方法，使我们对字符数组的操作能更加简便。

1. 字符串的输出

字符串输出主要借助两个库函数完成。

（1）用 printf 函数输出字符串。

用 printf 输出字符串时，要用格式符“%s”，输出时从数组的第一个字符开始逐个字符输出，直到遇到第一个‘\0’为止。

例如：
```
char st[15]="I  am  a  boy!"
   printf("st=%s,%c,%c",st,st[3],st[7]);
```

输出结果：

```
I am a boy!mb
```

例 7.3　字符串输出示例

```
#include<stdio.h>
main()
{ static char str[20]={"How do you do ?"};
  int k;
  printf("%s",str);                /*输出 str 中的字符串*/
  for (k=0;str[k]!='\0';k++)
      printf("%c",str[k]);         /*一个一个地输出字符*/
  }
```

输出结果为：How do you do? How do you do ?

> **说明** 使用 printf()函数的"%s"格式符来输出字符串，从数组的第一个字符开始逐个输出，直到遇到第一个'\0'为止。

使用”%c”格式时，用循环实现每个元素的输出。

（2）用 puts 函数输出字符串。

函数原型：int　puts(char * str);

调用格式：puts(str);

函数功能：将字符数组 str 中包含的字符串或 str 所指示的字符串输出，同时将'\0'转换成换行符。

例如：
```
char ch[]="student";
   puts(ch);  puts("Hello");
```

将字符数组中包含的字符串输出，然后再输出一个换行符。因此，用 puts()输出一行，不必另加换行符'\n'。

函数 puts 每次只能输出一个字符串，而 printf 可以输出几个，如：printf("%s,%s",str1,str2);。

2. 字符串的输入

字符串输入主要借助两个库函数完成。

（1）使用 scanf 函数输入字符串。

例如：
```
char  st[15];
   scanf("%s",st);
```

而 scanf(“%s”,&st);则是错误的，因为 st 就代表了该字符数组的首地址。

> **说明** 输入时，以回车或空格作为结束标志，也就是说用 scanf 输入的字符串中不能含有空格。例如输入：How do you do?
>
> 而执行语句为：scanf("%s",st); 则 s 只接收到第一个空格之前的字符串为：How\0。

（2）使用 gets 函数输入字符串

函数原型：char   *gets(char *str);

调用格式：gets(str);，str 是一个字符数组或指针。

函数功能：从键盘读入一个字符串到 str 中，并自动在末尾加字符串结束标志符'\0'。

输入字符串时以回车结束输入，这种方式可以读入含空格符的字符串。

例如：`char s[14];`

```
gets(s);
```

若输入的字符串为：How do you do?

则 s 的内容为： How do you do?\0

3．字符串常用操作函数

C 语言库函数中除了前面用到的库函数 gets()与 puts()之外，还提供了一些常用的库函数，其函数原型说明在 string.h 中。若需使用这些函数，必须在程序之前加上语句：

```
#include <string.h>
```

下面介绍几种常用的字符串操作函数。

（1）字符串复制函数：strcpy()。

调用格式：strcpy(s1,s2);

功能：将源字符串 s2 复制到目标字符数组 s1 中。

说明：s2 的长度应不小于 s1 的长度，s1 必须写成数组名形式。s2 可以是字符串常量或字符数组名形式。

例如：`char s1[10],s2[8]=“student”,s [7];`

```
strcpy(s1,s2); strcpy(s,"right");
```

将 s2 中的"student"赋给 s1(连同结束标志‘\0’)，"right"赋给 s; s2 的值不变。

而 s1=s2; s1=“student”；都是不允许的。因为 C 语言不允许直接使用赋值语句来实现复制或赋值。

（2）字符串比较函数：strcmp()。

调用格式：strcmp（字符数组 1，字符数组 2）

功能是对字符数组 1 中的字符串和字符数组 2 中的字符串进行比较。比较规则为：按字符 ASCII 的大小自左至右逐个比较两个字符串的字符，直到出现不同的字符或遇到'\0'为止。若全部字符相同，返回值为 0；若串 1＞串 2，则返回值为一个正数；若串 1＜串 2，则返回值为一个负数。例如：

```
char  s1[ ]="Goodbye", s2[ ]="Goodbye";
strcmp ( s1, s2 );  /*返回值为 0，表示两个字符数组中存放的字符串相等*/
char  s1[ ]="Goodboy", s2[ ]="Goodbye";
strcmp ( s1, s2 );  /*返回一个负数，表示字符数组 1 中的串<字符数组 2 中的串，因'o' < 'y' */
char  s1[ ]="Goodboy", s2[ ]="Goodbaby";
strcmp ( s1, s2 );  /*返回一个正数，表示字符数组 1 中的串>字符数组 2 中的串，因'o' > 'a' */
```

（3）字符串连接函数：strcat()。

调用格式：strcat（字符数组 1，字符数组 2）

其功能是把字符数组 2 中的字符串连接到字符数组 1 的字符串后面。例如：

```
char str1[10]={"Good"};
    char str2[8]={" idea"};
    strcat(str1, str2);
```

图 7.3 表示连接前后 str1 与 str2 的内容。

连接前

str1				
G	o	o	d	\0

str2					
	i	d	e	a	\0

连接后

str1									
G	o	o	d		i	d	e	a	\0

图 7.3　连接前后 str1 与 str2 的内容变化

（4）字符串长度函数：strlen()。

调用格式：strlen（字符数组）

其功能是测试字符串的长度。函数值为字符串的实际长度，不包括结束符'\0'。

例如：
```
char str[10]="student";
int length1,length2;
length1=strlen(str);        /*(=7)*/
length2=strlen("good idea");   /*(=9)*/
```

例 7.4　从键盘上接收两个字符串，若不相等，将长的字符串连接到短的字符串的末尾并输出。

```
#include <stdio.h>
#include <string.h>
void main()
{char s1[80], s2[80];
gets(s1);
gets(s2);
if (strcmp(s1, s2)!=0)
  if (strlen(s1)<strlen(s2)) {strcat(s1, s2); puts(s1); }
  else {strcat(s2, s1); puts(s2); }
}
```

输入：no

problem

输出：noproblem

7.2　二 维 数 组

若一个一维数组，它的每一个元素也是类型相同的一维数组时，便构成二维数组。所谓数组的类型相同是指数组大小、元素类型相同。

7.2.1　二维数组的定义

数组的维数是指数组的下标个数，一维数组元素只有一个下标，二维数组元素有两个下标，我们通常称第一个为行下标，第二个为列下标。二维数组的定义格式为：

```
类型标识符 数组名[常量表达式 1][常量表达式 2];
```

例如：

```
int  a[3][4];
```

这是定义了一个二维数组，数组名为 a，数组元素有 3 行 4 列，共 12 个元素，且每个数组元素都是一个整型数据。

在定义二维数组时，应注意以下几点。

（1）元素类型标识符、数组名及常量表达式的要求与一维数组相同。

（2）二维数组可以看成是一种特殊的一维数组，其特殊之处就在于它的元素又是一个一维数组。例如，二维数组 a[3][4]可以理解为：它有 3 个元素 a[0]、a[1]、a[2]，每一个元素却又是一个包含 4 个元素的一维数组，如图 7.4 所示。

（3）二维数组的元素在内存中的存放顺序为“按行存放”，即先顺序存放第一行的元素，再存放第二行的元素，依此类推，如图 7.4 所示。注意下标以 0 为起始。

二维数组名	一维数组名	数组元素
a	a[0]	a[0][0], a[0][1], a[0][2], a[0][3]
	a[1]	a[1][0], a[1][1], a[1][2], a[1][3]
	a[2]	a[2][0], a[2][1], a[2][2], a[2][3]

图 7.4　二维数组 a[3][4]的每个元素

7.2.2　二维数组的引用

二维数组元素的引用格式为：

```
数组名[下标 1][下标 2]
```

> **注意**　引用数组元素时不要越界，也就是说下标值从 0 开始，但不要超过行、列的范围。例如，用语句 int a[3][4]定义 a 为 3 行 4 列的数组，它可用的下标 1（行）最大值为 2，下标 2（列）最大值为 3。

对二维数组的赋值跟一维数组一样，也有 3 种方法。

（1）在定义数组的同时为数组元素赋初值，即初始化。

① 按行对二维数组赋初值。

例如：`int  a[3][4]={{1,2,3,4},{5,6,7,8},{9,10,11,12}};`

这种赋初值方法比较直观，即把内层的第一个大括号内的数据赋给第一行的元素，第二个大括号内的数据赋给第二行的元素，依此类推即可。

与一维数组相同，也可以用这种方法只给数组中部分元素赋初值。例如：

```
int  a[3][4]={{1},{2,3,4}};
```

② 把所有的数据写在一个花括号里，系统按数组的排列次序对各个元素赋初值。例如：

```
int  a[3][4]={1,2,3,4,5,6,7,8,9,10,11,12};
```

③ 如果对全部元素赋初值，则在定义中可省略第一维的长度，但第二维长度不可省，例如：定义

```
int  a[3][4]={ 1,2,3,4,5,6,7,8,9,10,11,12};
```

与定义

```
int  a[ ][4]={ 1,2,3,4,5,6,7,8,9,10,11,12};
```

是等价的。这是因为系统编译器会根据数据总个数 12 和列数 4 来确定行数 3，但列数不可缺省。

（2）用赋值语句为数组元素赋值。

例如：`int  a[3][4];`

```
a[1][2]=10;
```

（3）在程序运行时，用输入语句为数组元素赋值。例如：

```
int  a[3][4];
for (i=0;i<3;i++)
     for(j=0;j<4;j++)
        scanf("%d",&a[i][j]);
```

例 7.5　二维数组的输入输出示例

```
main()
{int  a[2][3];
 printf("\n输入数组  a:");
 for (i=0;i<2;i++)
    for (j=0;j<3;j++)
       scanf("%d", &a[i][j]);          /*将数据输入二维数组*/
 printf("\n输出数组a:\n");
    for (i=0;i<2;i++)
   {for (j=0;j<3;j++)                  /*循环三次，输出一行共三个元素*/
      printf("%4d",a[i][j]);
    printf("\n");                      /*输出一行后换行，再输出下一行*/
   }
}
```

7.3*　多 维 数 组

根据二维数组的定义，我们可以类推出多维数组的定义。

类型标识符　数组名[常量表达式 1][常量表达式 2]……[常量表达式 n]；

其中，维数由常量表达式的个数 n 来决定。若 n 为 3，则是一个三维数组。

例如：

```
static int  a[2][3][2];          /*定义了一个 3 维的静态整型数组*/
float  b[2][3][4][3];            /*定义了一个 4 维浮点型数组*/
```

在定义数组时，多维数组的维从左到右第一个[ ]称第一维，第二个[ ]称第二维，依此类推。

多维数组元素的顺序由其对应的下标决定。下标的变化是先变最右边的，再依次变化左边的下标。

比如三维数组 a[2][2][3]的 12 个元素是：

```
a[0][0][0]   a[0][0][1]   a[0][0][2]
a[0][1][0]   a[0][1][1]   a[0][1][2]
a[1][0][0]   a[1][0][1]   a[1][0][2]
a[1][1][0]   a[1][1][1]   a[1][1][2]
```

例 7.6 某专业共有 4 个班，每班各有 50 名学生，有 3 个科目的考试成绩。求各班每个学生的平均成绩并输出。

```
#include <stdio.h>
main( )
{
    float score[4][50][3],average[4][50]; /* average[4][50]用于存放每个学生的平均成绩*/
    int i,j,k;
    float sum;
    for (i=0;i<4;i++)
        for(j=0;j<50;j++)
            for(k=0;k<3;k++)
            {
                printf("请输入%d 班学号为%d 的学生的科目%d 成绩 score[%d][%d][%d]: ",i+1,
j+1,k+1,i,j,k);
                scanf("%f",&score[i][j][k]);
            }
    for (i=0;i<4;i++)
        for(j=0;j<50;j++)
        {
            sum=0;
            for(k=0;k<3;k++)
                sum=sum+score[i][j][k];
           average[i][j]=sum/3;
            printf("%d 班学号为%d 的学生的平均成绩 average[%d][%d]为: %f\n",i+1,j+1,i,j,
average[i][j]);
        }
}
```

7.4 函数与数组

数组元素和数组名都可以作为函数的实参，下面从这两方面介绍。

7.4.1 数组元素作为函数的实参

第 6 章中普通变量当实参时通过复制值，并将值传给相对应的形参（普通变量），实现了值的单向传递。由于数组元素与相同类型的普通变量功能各方面都是相同的，数组元素作函数参数也和普通变量一样，也是实现这种值的单向传递。因为是复制值，所以形参和实参在两个独立的存储空间里，形参的变化不会影响到实参本身。

例 7.7 从键盘输入两个人的名字（用字符串表示），用自定义函数 compare()比较字符串，来确定名字是否相同。

解题思路：输入两个名字，分别存放在字符数组 s1、s2 中；可以使用循环语句依次比较两个字符串的对应字符；用自定义函数 compare()比较两个字符，看两个字符的 ASCII 码是否为 0；只要有一个字符串结束或 flag 不为 0，则循环比较结束。

程序：

```
#include〈stdio.h〉
void main()
{int  i, flag;
   int compare(char c1, char c2 ); /*函数声明*/
   char s1[50], s2[50];
   gets(s1);
   gets(s2);
i=0;
   do{
flag=compare(s1[i], s2[i]);    /*两个字符数组元素作为实参，函数返回字符 ASCII 码之差*/
i++;
  }while((s1[i]! ='\0)&&(s2[i]! ='\0')&&(flag==0));
  /*只要有一个字符串到了结尾就结束比较*/
if  (flag==0)        printf("%s 和 %s 名字相同", s1, s2);
else   printf("%s 和 %s 名字不同", s1, s2);
}
   int compare (char c1, char c2)
{int t;
t=c1-c2;
return  t;
}
```

输入：Lucy

Lily

输出：Lucy 和 Lily 名字不同

7.4.2　数组名作为参数

在函数中，直接用数组名作参数时，数组名代表一批变量，也可以把它看成一个特殊的变量，因为它存放该数组的首地址（即数组第一个元素的地址）。此时，函数中的形参必须是相同类型的数组名或指针，这种方式是把实参数组的起始地址传给形参数组，形参数组的改变也是对实参数组的改变，称这种参数传递方式为"地址传递"。地址传递后，实参、形参数组共享相同的内存单元，也就是说形参数组和实参数组其实就是同一个数组。

说明

（1）在一维形参数组名后面可只跟一对空方括号，无需指定形参数组的长度，可另设一参数来传递数组元素个数。如：

```
int  sum(char name[ ],int i);/*i 为 name 数组的长度*/
```

（2）对多维数组而言，形参的第一维可不指定，但其他维必须指定，可另设一参数来传递数组的第一维长度。如：float　average(float score[][4],int k);k 为数组第一维长度。

例 7.8 从键盘输入一个正整数，判断其是否为回文数。所谓回文数是顺读与反读都一样的数，如 12321,23455432 都是回文数。

解题思路：将这个正整数的每位数字按顺序取出保存在数组 a 中，根据回文数的特点，把数字序列的左、右两端数字进行两两比较，通过 i、k 两个变量来确定比较的两个元素的位置，每次比完后都向中间靠拢，如果一直比到位置重叠时都相等，则为回文数，否则不是回文数。

```
#include"stdio.h"
#include"string.h"
int huiwen(int b[],int k)
{ int i ;
for (i=0; i<k; i++, k--)              /*判断是否为回文数*/
if (b[i]! =b[k]) break;               /* 不相等，则不是回文数，退出循环 */
      if (i<k)   return  0;           /* 两个记录位置的标志未重合，即遇到了不同，提前跳出了*/
          else  return  1;            /* 两个记录位置的标志未重合，比到了最后，全部相同 */
      }

}
void  main()
   {   int  i, j;
   long  x,y;
   int  a[10];

   puts("输入一个正整数：");
   scanf("%ld", &x);
   y=x;  j=0;
   do
    { a[j++]=y%10;                     /*保存最低位*/
         y/=10;                        /*去掉最低位*/
      }while (y! =0);
     j--;
if(huiwen(a,j)==0) printf("%ld 不是回文.", x);
else printf("%ld 是回文.", n);
```

输入：789987

输出：789987 是回文.↙

例 7.9 从键盘上输入 10 个整数，用选择法将其按由小到大的顺序排列并输出。

解题思路：所谓选择法就是先将 10 个数中最小的数与 a[0]对换；再将 a[1]到 a[9]中最小的数与 a[1]对换，每比较一轮，找出一个未排序的数中最小的一个，共比较 9 轮。

程序如下：

```
void sort(int b[],int n)
{ int i,j,t;
 for(i=0;i<n-1;i++)
   { for(j=i+1;j<n;j++)
     if(b[j]<b[i]) {t=b[j];b[j]=b[i];b[i]=t;}}
}
```

```
main( )
{ int a[10],i;
  for(i=0;i<10;i++)
  scanf("%d",&a[i]);
  sort(a,10);
  for(i=0;i<10;i++)
  printf("%4d",a[i]);
 }
```

注意

（1）形参数组可以不指定大小，只在定义数组时在数组名后面跟一个空的方括号，如例中的 b[]。

（2）为了在被调用函数中处理数组元素的需要，可以另设一个参数，传递需要处理的数组元素的个数，如例中的 n。

（3）在执行“sort(a,10)”之前，数组 a 中各元素的值是无序的，执行后，数组 a 已经按要求排好了顺序，这是由于在函数 sort 中对形参数组 b 进行排序了，形参数组改变也使实参数组随之改变。

7.5 数组应用举例

数组在 C 语言编程中经常用到，用途广泛，下面就一些常见的应用来介绍一下。

7.5.1 排序问题

例 7.10 从键盘输入 5 个数，对 5 个数排序（由小到大）并输出。

用数组将一组数据进行有序排列是数组的一个重要应用。排序的算法主要有选择法、冒泡法和插入法。上一节我们介绍了选择法，现在我们介绍一下冒泡法。

解题思路：将一组数中相邻两个数比较。

（1）比较第一个数与第二个数，若为逆序 a[0]>a[1]，则交换；然后比较第二个数与第三个数；依次类推，直至第 n−1 个数和第 n 个数比较为止——第一趟冒泡排序，结果最大的数被安置在最后一个元素位置上。

（2）对前 n−1 个数进行第二趟冒泡排序，结果使次大的数被安置在第 n−1 个元素位置。

（3）重复上述过程，共经过 n−1 趟冒泡排序后，排序结束。

具体排序过程图如图 7.5 所示。

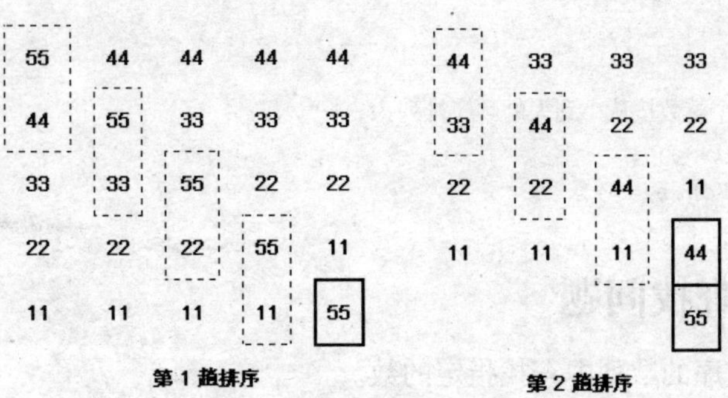

图 7.5 “冒泡法”排序

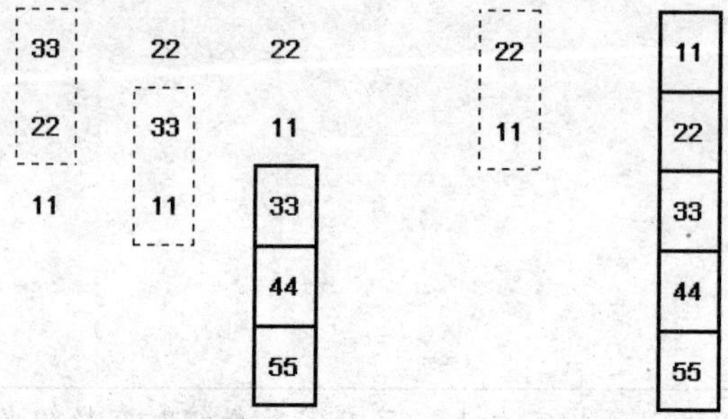

第 3 趟排序　　　　第 4 趟排序

5 个数排序	两两比较次数	未排序数个数	已排序数个数
第 1 趟排序	4	4	1
第 2 趟排序	3	3	2
第 3 趟排序	2	2	3
第 4 趟排序	1	0	5

图 7.5　“冒泡法”排序（续）

可以推出：对于 N 个数的排序，需进行 N-1 趟排序，第 i 趟排序需进行 N-i 次两两比较。

程序流程图如图 7.6 所示（用两层嵌套循环实现）。

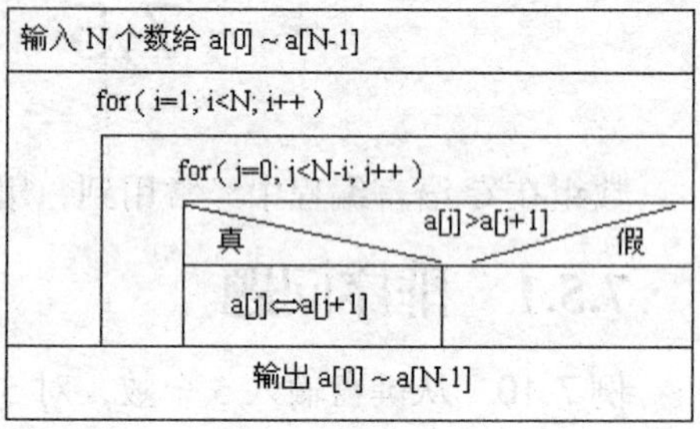

图 7.6　程序流程图

程序清单：

```
#include <stdio.h>
#define N 5
main()
{
    int a[N];
    int i,j,t;    /* i、j 作循环变量，t 作两两比较的临时变量 */
    printf("请输入%d 个整数:\n",N);
    for(i=0;i<N;i++)
        scanf("%d",&a[i]);/ * 输入 N 个整数 */
    for(i=1;i<N;i++)/* 第 i 趟比较 */
        for(j=0;j<N-i; j++)/* 第 i 趟中两两比较 N-i 次 */
            if  (a[j] > a[j+1])/* 若两相邻数，前面的大则交换*/
            {
                t = a[j];
                a[j] = a[j+1];
                a[j+1] = t;
            }
    printf("这%d 个整数按从小到大的顺序排列为:\n",N);
    for(i=0;i<10;i++)
        printf("%7d",a[i]);
}
```

7.5.2*　折半查找问题

例 7.11　在一个有序的数列中查找指定的数。

解题思路：本例采用的是折半查找法，折半查找的前提条件是数列有序（比如递增），如图 7.7

所示。查找时，先查找中间的数，若待查的数与中间数相等，则查找成功；若待查的数比中间数小，则到数组的前半部分查找；否则待查数比中间数大，则到数组的后半部分查找。以同样的方法在选定的区域中进行查找，每次都会将查找范围缩小一半，较快便能找到目的数。直到将查找区域缩小为 0，如果找到了要查的数，则查找成功，否则查找失败，表明有序数列中没有要查找的数。

此法要用到 3 个游标变量：front、tail 和 mid。其中 front 和 tail 分别指示被查找区域的头、尾位置，以此公式 mid=(front+tail)/2 来确定每次查找区域的中间位置。比如在有序数列（11，22，33，44，77，66，77，88，99）中查找 66，则查找过程如图 7.8 所示。

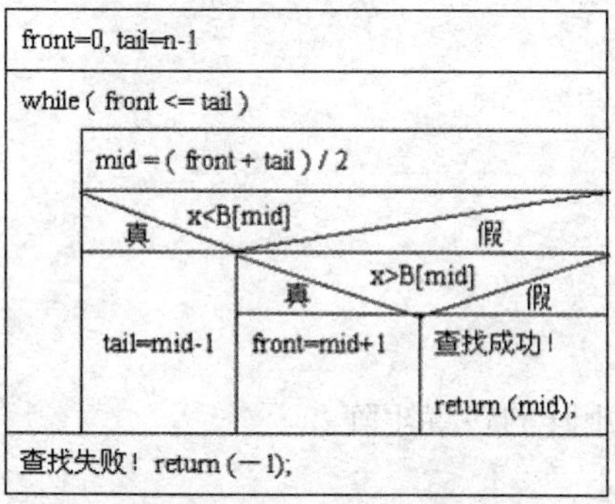

图 7.7　折半查找法流程图

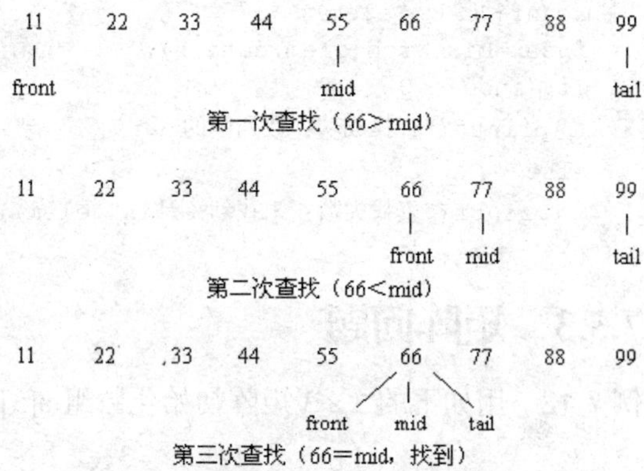

图 7.8　折半查找 66 的过程

折半查找程序清单：

```
#include <stdio.h>
inputdata(A)                          /*建立有序数列 A*/
int A[ ];
{
   int num,i;
   printf("欲建立的有序数列中数的个数为：");
   scanf("%d",&num);
   printf("请按从小到大的顺序输入%d 个数：\n",num);
   for(i=0;i<num;i++)
   {
      printf("data[%d]=",i);
      scanf("%d",&A[i]);
   }
   return(num);
}
bisearch(x,B,n)                       /*折半查找函数：在 B 中查找 x，找到则返回其位置*/
int x,B[ ],n;
{
   int front=0,tail=n-1,mid;
   while(front<=tail)
   {
      mid=(front+tail)/2;
      if (x<B[mid])
        tail=mid-1;
      else
        if (x>B[mid])
           front=mid+1;
```

```
        else
            return(mid);
    }
    return(-1);
}
main( )
{
    int data[20],n,index,elem;
    n=inputdata(data);
    printf("要查找的数是: ");
    scanf("%d",&elem);
    index=bisearch(elem,data,n);
    if (index>=0)
       printf("查找成功: 数列中的 data[%d]=%d\n",index,elem);
    else
       printf("查找失败: 未找到%d!\n",elem);
}
```

7.5.3 矩阵问题

例 7.12 用如下的 3 × 3 矩阵初始化数组 a[3][3]，求矩阵的转置矩阵。

$$\begin{matrix}1&2&3\\4&5&6\\7&8&9\end{matrix} \longrightarrow \begin{matrix}1&4&7\\2&5&8\\3&6&9\end{matrix}$$

解题思路：转置矩阵是将原矩阵元素按行列互换形成的矩阵

其实，只要沿主对角线（上图虚线表示）将对称位置元素互换即可。

转置矩阵程序清单：

```
#include <stdio.h>
main()
{int j,k;
 int a[3][3]={1,2,3,4,5,6,7,8,9},b[3][3];
  for (j=0;j<3;j++)
          for(k=0;k<3;k++) b[j][k]=a[k][j];
 for(j=0;j<3;j++)
          {for(k=0;k<3;k++)
               printf("%6d",b[j][k]);
            printf("\n");
          }
```

7.6* 综合与提高

为了让大家更好地学习本章内容，这里将知识点容易混淆和犯错的地方列举出来，并提出一些综合性的示例帮助大家融会贯通。

7.6.1　数组使用中的常见错误

这一章的知识点较多，在数组，尤其是字符数组的使用时容易出现一些错误，这里将一些常见的错误列举出来，帮助大家更准确地使用数组，避免错误。

1．数组元素引用时的下标越界

比如，定义 int a[10];引用时却出现 a[10]这个数组元素，要知道，我们定义的这个数组，它的下标是从 0 开始，到 9 结束，不包括 10 的。

2．字符串缺少结束标志

当字符数组采取逐个字符赋值时，在赋值结束后应该由用户手动在字符串尾部加上一个表示空字符的字符串结束标志'\0'。

例 7.13　以下程序能够将字符串 str1 和字符串 str2 合并成一个新字符串 str。

```
#include <stdio.h>
#include<string.h>
main()
{char str1[30],str2[20],str[60];
int i=0,j=0;
printf("Enter first  string:");
gets(str1);
printf("Enter second   string:");
gets(str2);
while(str1[i])
{str[i]=str1[i];i++;}
while(str2[j])
{str[i++]=str2[j];
j++;
}
str[i]='\0';          /*line1*/
printf("str=%s\n",str); /*line2*/
}
```

由于 str 这个数组是逐个字符赋值的，而不是以字符串的形式用“”进行赋值的，所以必须手动加上一个'\0'，所以 line1 是不能缺少的命令行。而如果没有写 line1，则在后面 line2 命令行中的整个 str 数组的输出就会出现问题。因为%s 的输出方式是以遇到'\0'字符为止的，如果没有这个字符，就无法停止输出。

7.6.2　综合举例

为了巩固数组涉及的知识，我们给出一些综合性的示例。

例 7.14　读入 20 个整数，统计非负数的个数及其和，并找出最大的数。

解题思路：定义一个含 20 个元素的数组 a，利用单循环对每个数据进行筛选，测试它是否为非负数，并用一个变量 *n* 记录非负数的个数，再用另一个变量 *s* 记录非负数的总和，在遍历整个数组的同时，还要对 *max* 变量的值进行刷新，等循环结束保证 *max* 里的值是整个数组中最大的数。

```
# include<stdio.h>
void main()
{int i,a[20],s=0,t,n=0,max;
for(i=0;i<=19;i++)  //输入 20 个数据
scanf("%d",&a[i]);
```

```
max=a[0];
for(i=0;i<=19;i++)  // 遍历数组
{if(a[i]>=0)
{n++;
s=s+a[i];}
if(a[i]>max) max=a[i];
}
printf("%d,%d,%d",n,s,max);
}
```

例 7.15 在数组 a 中找到已存在的数 x 并删除，就是将该元素之后的元素逐个前移。

解题思路：用单循环对数组进行扫描，如果找到某一个数组元素与要寻找的 x 相等，则跳出循环，并将其后面的其他元素按照顺序陆续前移（前移也需要用循环完成）。如果没找到，则循环正常结束，不做前移操作。

```
#include<stdio.h>
void main()
{
    int a[10]={43,32,22,13,11,44,36,23,26,31};
    int i,x;
    for(i=0;i<10;i++) //输出整个数组
          printf("%d",a[i]);
    printf("\n 输入要删除的数;");
    scanf("%d",&x);
    for(i=0;i<=9;i++)    //扫描数组
          if(a[i]==x)break;
          while(i<9)    //前移操作
          {a[i]=a[i+1];i++;}
          printf("删除后:\n");
          for(i=0;i<9;i++)    //输出调整后的数组
                printf("%d",a[i]);
}
```

例 7.16 把两个升序排列的整数数组 a 和 b 按照升序排列合并到一起，放在数组 c 中。假设数组 a 有 an 个元素，数组 b 中有 bn 个元素。

解题思路：我们用 an 和 bn 控制循环次数，用两个游标 i 和 j 对 a 和 b 数组进行控制，让 a[i] 和 b[j]进行比较，将较小的放入 c 数组中，并将处理过的 a[i]或 b[j]的游标后移，以便处理后面的数据。这里的难点在于如果有一个数组先处理完毕，另一个数组就无法继续完成拷贝，因为游标已经出了数组范围，所指向的数据已经不是数组元素了，所以，如果出现这种情况，则要依靠分支语句进行特殊处理。如果 a 数组先循环处理完，则让 a[i]的值比 b 数组中的最大的数据 b[bn-1] 都要大，这样就可以让 c[k]只接收 b 数组的剩余数据。如果 b 数组先循环完，则让 b[j]的值比 a 数组中的最大的数据 a[an-1]都要大，这样就可以让 c[k]只接收 a 数组的剩余数据。

```
# include <stdio.h>
void main()
{int a[6]={1,2,3,4,5,6},an=6;
int b[6]={1,3,4,8,9,10},bn=6;
int i,j,k,c[12];
for(i=0,j=0,k=0;i+j<an+bn;k++)
{
    if(a[i]<b[j])
```

```
    c[k]=a[i++];
  else
    c[k]=b[j++];
  printf("%d",c[k]);
  if(i==an) a[i]=b[bn-1]+1;//如果 a 数组先循环处理完
  if(j==bn) b[j]=a[an-1]+1;//如果 b 数组先循环处理完
 }
printf("\n");}
```

例 7.17 有一个 3×4 的矩阵，编程求出其中值最大的那个元素及它所在的行号和列号。

程序如下：

```
main()
{
int i,j,row,col,max;
static int a[3][4]={{3,5,1,8},{6,4,11,7},{9,3,10,2}};
max=a[0][0];
for(i=0;i<3;i++)          /*对二维数组进行操作的双重循环*/
for(j=0;j<4;j++)
if(max<a[i][j])           /*求最大值 max*/
{
max=a[i][j];
row=i;
col=j;
}
printf("max=%d,row=%d,col=%d\n",max,row,col); /*输出最大值和它的行列号*/
}
```

习 题

一、选择题

1. 以下能正确定义一维数组的是（　　）。

　A. int a[ ];　　　　　　　　B. int a[]={1，2，3，4};

　C. int n=3; int a[n] ;　　　　D. int a[3]={{1},{2},{3,4}};

2. 若已有定义：int　i, a[100]; 则下列语句中，正确的是（　　）。

　A. for (i=0; i<100; i++)a[i]=i;

　B. for (i=0; i<100; i++)scanf ("%f", &a[i]);

　C. scanf ("%d", &a);

　D. for (i=0; i<100; i++)　scanf ("%d", &a+i);

3. 与定义 char c[ ]={"GOOD"}; 不等价的是（　　）。

　A. char c[ ]={ 'G', 'O', 'O', 'D', '\0'};

　B. char c[ ]="GOOD";

　C. char c[4]={"GOOD"};

　D. char c[7]={ 'G', 'O', 'O', 'D', '\0'};

4. 若已有定义：char c[8]={"computer"}; 则下列语句中，不正确的是（　　）。

　A. puts (c) ;

B. for (i =0; c[i]!= '\0'; i ++)　printf ("%c", c[i]);

C. printf ("%s", c);

D. for (i =0; c[i]!= '\0'; i ++) putchar (c);

5. 若定义 int a[ ][4]={0,1,2,3,4,5,6,7,8,9}；则 a 数组中行的大小是（　　）。

A. 2　　B. 3　　C. 4　　D. 无确定值

6. 当接受用户输入的含空格的字符串时，应使用函数（　　）。

A. scanf( )　　B. gets( )　　C. getchar( )　　D. getc( )

7. 若执行以下程序段，其运行结果是（　　）。

```
char c[ ]={'s', 'o', '\0', 's', '\0'};
printf ( "%s\n", c );
```

A. so s　　B. 's''o'　　C. sos　　D. so

8. 数组名作为参数传递给函数，作为实际参数的数组名被处理为（　　）。

A. 该数组长度　　B. 该数组元素个数

C. 该函数中各元素的值　　D. 该数组的首地址

9. 执行下面的程序段后，变量 k 中的值为（　　）。

```
int k s[2]={1};
k=s[1]*5;
```

A. 不确定值　　B. 15　　C. 5　　D. 0

10. 在定义

```
int a[3][4][5];
```

之后；对 a 的引用正确的是（　　）。

A. a[2][4][5]　　B. a[1][0][5]　　C. a[0][0][1]　　D. a[1,2,3]

二、填空题

1. 以下程序用来检查二维数组是否对称（即：对所有 i，j 都有 a[i][j]=a[j][i]）。

```
#include <stdio.h>
main ( )
{
    int a[4][4]={1,2,3,4, 2,2,7,6, 3,7,3,7, 8,6,7,4};
    int i, j, found=0;
    for ( j=0; j<4; j++ )
    {
        for (i=0; i<4; i++ )
            if  ( ______【1】______ )
            {
                found= ______【2】______ ;
                break;
            }
        if (found) break;
    }
    if (found)   printf ("不对称\n");
        else   printf("对称\n");
}
```

2. 以下程序是用来输入 10 个整数，并存放在数组中，找出最大数与最小数所在的下标位置，并把两者对调，然后输出调整后的数组。

```
#include <stdio.h>
main ( )
{
   int a[10], i, max, min;
_____【3】_____
   for ( i=0; i<10; i++ )
      scanf ( "%d", &a[i] );
   min=max=0;
   for ( i=1; i<10; i++ )
   {
     if(_____【4】_____)min=i;
     if ( a[i]>a[max] ) _____【5】_____ ;
   }
   printf ( "最小数的位置是:%3d\n", min );
   printf ( "最大数的位置是:%3d\n", max );
   t=a[max];
   _____【6】_____ ;
   a[min]=t;
   printf ( "调整后的数为: " );
   for ( i=0; i<10; i++ )
      printf ( "%d ", a[i] );
   printf ("\n");
}
```

3. 以下程序的功能是从键盘上输入若干个字符（以回车键作为结束）组成一个字符数组，然后输出该字符数组中的字符串，请填空。

```
#include<stdio.h>
main ( )
{
   char  str[81];
   int  i;
   for ( i=0; i<80; i++ )
   {
      str[i]=getchar( );
      if (str[i]== _____【7】_____) break;
   }
   str[i]= '\0';
   _____【8】_____;
   while ( str[i]!= '\0' ) putchar(_____【9】_____);
}
```

三、程序阅读题

1. 写出下列程序的运行结果并分析。

```
#include <stdio.h>
main( )
{
   static int a[4][4]={{1,2,3,4},{2,2,0,0},{3,4,5,0},{6,0,0,0}};
   int j,k;
   for (j=0;j<4;j++)
   {
```

```
        for(k=0;k<4;k++)
        {
            if(j==k)continue;
            printf("%-3d",a[j][k]);
        }
    printf("\n");
    }

}
```

2. 写出下列程序的运行结果并分析。

```
#include <stdio.h>
main ( )
{
    int  a[6][6],i,j;
    for (i=1 ;i<6 ; i++)
        for ( j=1;j<6;j++)
            a[i][j]= i*j;
    for (i=1 ;i<6 ; i++)
    {
        for ( j=1;j<6;j++)
            printf( " %-4d " ,a[i][j]);
        printf("\n");
    }
}
```

3. 写出下列程序的运行结果并分析。

```
#include <stdio.h>
main ( )
{
    int a[ ]={1,2,3,4},i,j,s=0;
    j=1;
    for ( i=0;i<4;i++)
    {
        s=s+a[i] *j;
        j=j*10;
    }
    printf("s=%d\n",s);
}
```

4. 写出下列程序的运行结果并分析。

```
#include <stdio.h>
main( )
{
    int a[]={0,2,7,8,12,17,23,37,60,67};
    int x=23,i,n=10,m;
    i=n/2+1;
    m=n/2;
    while(m!=0)
    {
        if(x<a[i])
        {
            i=i-m/2-1;
            m=m/2;
```

```
        }
        else
            if(x>a[i])
            {
                i=i+m/2+1;
                m=m/2;
            }
            else
                break;
    }
    printf("place=%d",i+1);
}
```

5. 写出下列程序的运行结果并分析。

```
#include<stdio.h>
void main()
{
    char a[]="abdgikm",b[]="chijkopxz",c[81];
    int i=0,j=0,k=0;
    while(a[i]!='\0'&&b[j]!='\0')
    {
        if(a[i]<b[j])c[k]=a[i++];
        else c[k]=b[j++];
        k++;
    }
    c[k]='\0';
    printf("%s\n",c);
}
```

四、编程题

1. 编写程序求[3,500]之间同构数之和，用数组保存每个同构数。一自然数平方的末几位与该数相同时，称此数为自同构数，例如：5×5=25，则称 5 为自同构数。

2. 编写一程序，实现两个字符串的连接（不用 strcat( )函数）。

3. 编写程序，判断一字符串是否为回文。回文即顺读和逆读都一样的字符串，如 123321，level。

4. 定义：int a[3][4]={ { 1, 2, 3, 4 }, {7, 6, 7, 8 }, {9, 10, 11, 12 } }；现要编程将 a 的行和列的元素互换后存到另一个二维数组 b 中。

5. 从键盘输入 5 个字符串，找出一个最长的字符串。

6. 输入一行字符，统计其中有多少个单词，单词之间用空格隔开。

第8章 指针

指针是C语言的一种重要机制，也是C语言中一个最具特色的部分，正确而灵活地运用指针，能直接处理内存地址，方便地使用字符串，有效地访问数组，处理复杂的数据结构等。掌握指针的应用，可以使程序简洁、紧凑、高效。每一个学习和使用C语言的人，都应当深入地学习和掌握指针。本章讨论指针及其在程序中的重要作用，包括内存地址与指针的概念，指针的定义和使用，指针和数组的关系，函数的指针参数等问题。

8.1 地址与指针

C语言把程序对象（如变量）的地址作为一种可处理数据，称为地址值或指针值，以地址为值的变量称为指针变量，简称指针（pointer）。指针变量里保存程序对象的地址，通过它们就可以访问和处理有关对象。指针是访问程序对象的手段，以便能更灵活方便地实施操作。

8.1.1 地址的概念与取地址运算

在计算机硬件系统的内存中，拥有大量的存储单元，一个存储单元为一个字节。内存按字节连续编址，每个字节单元都有一个唯一的编号，这个编号就是内存的地址。内存地址是连续编号的，相邻内存单元间的地址相差1，通过地址可以方便地在内存单元中存取信息。程序中定义的任何变量，在编译时都会在内存中分配一定的内存单元。我们怎样知道机器将某种数据放在内存的什么地方呢？在C语言中提供了取地址运算符&，例如，定义了：

```
int  a = 10 ;
```

则&a就代表变量a在内存中的地址。地址运算符&功能就是返回某个变量的地址信息。可以用

```
printf("%x \n" ,  &a);
```

打印出变量a的地址。注意，这个地址是由机器和操作系统来安排的，我们无法预先知道。

如果一个变量只占用一个字节，则该字节的地址就是该变量的地址，但如果我们定义的变量要占用多个字节，而每一个字节都有一个地址，这时我们该取哪个字节的地址作为变量的地址呢？

C语言规定：如果变量占用连续的多个字节，则第一个字节的地址就是该变量的地址。例如定义：

```
short  a=10;
float  b=10;
```

则编译系统给变量分配的内存空间如图 8.1 所示。

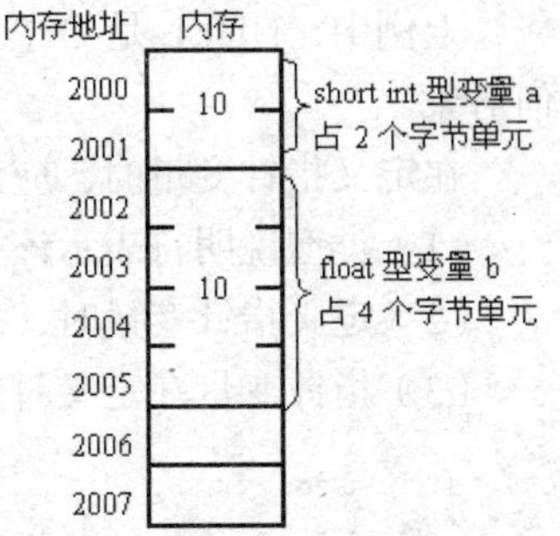

图 8.1 变量分配的内存示意图

从图 8.1 中可以看出，变量 a 的内存地址为 2000，而变量 b 的内存地址为 2002。程序在引用变量时，首先获得变量的首地址，然后根据变量的数据类型决定要从首地址开始连续取几个字节来获取变量的值。若定义如图 8.1 所示，程序要获取变量 b 的值，则先确定变量首地址为 2002，然后由变量 b 的数据类型 float 知道变量占 4 个字节，所以从首地址开始连续取 4 个字节的数据即为变量 b 的值。

8.1.2 指针与变量

在 C 语言中，直接通过变量名来使用一个变量，这种方式称为“直接访问方式”。此外，还可以将变量的地址存入一个“特殊”变量中，然后就可以通过该“特殊”变量来存取变量的值，这种存取变量的方式称为“间接访问方式”。存放地址的变量就好像存放了一个变量的指针，称为“指针变量”。

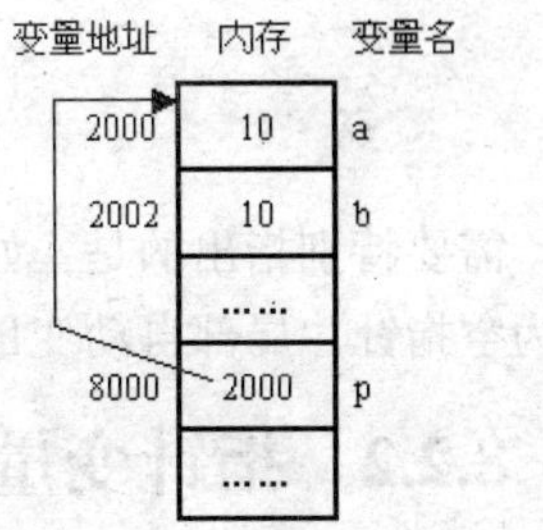

图 8.2 变量 a 与指针变量 p 的关系

变量 a 的地址是 2000，变量 p 的地址是 8000，如图 8.2 所示，而变量 p 中存放的值 2000 是变量 a 在内存中的存放地址。根据这一特点我们可以画出图 8.2 所示的一种指向关系，由于这种指向关系，可以将 a 的地址 2000 形象化地称为指针，所以说，指针其实就是变量的地址。变量 p 存放的是指针（地址），所以称之为“指针变量”。在这里，由于指针变量 p 存放的是 a 的访问地址，所以可以说，p 是指向 a（普通变量）的指针。

变量的地址虽然在形式上好像类似于整数，但在概念上不同于以前介绍过的整数，它属于一种新的数据类型，即指针类型。在 C 语言中，一般用“指针”来指明这样一个表达式&x 的类型，而用“地址”做为它的值，在习惯上，很多情况下指针和地址这两个术语混用了。

8.2 指针变量的定义与使用

指针变量在使用之前必须先定义，定义时也可对其赋初值。

8.2.1 指针变量的定义

指针变量的定义格式为：

```
类型说明符 *指针变量名[=初值];
```

例如：

```
int  *p;
```

定义一个指针 p 变量，p 指向的变量的数据类型为“整型（int）”。

要在一行语句中同时定义两个指针变量，后面的指针变量前同样要加星号，如

```
int  *p1=NULL,*P2=NULL;
```

上例中，NULL 是 C 语言中预定义的空指针关键字，它作为一个特殊的指针，表示不指向任何对象。

在定义指针变量时，应注意以下几点。

（1）类型说明符表示该指针变量所指向的变量的数据类型，如 int、float、double、char 等。

（2）定义指针变量时，指针变量名前必须有一个“*”号，表示定义的变量是指针变量。

（3）指针变量在定义时允许对其初始化。如：

```
int  a=8;
int  *p=&a;
```

这里用&a 对 p 初始化，而不是对*p 初始化。初始化后指针变量 p 中存放的是整型变量 a 的地址，如图 8.3 所示。

图 8.3　指针与变量地址的对应关系

需要特别指出的是：如果定义指针变量时没做初始化，外部变量和局部静态变量将自动初始化为空指针，局部自动变量不自动初始化，其值不确定。

8.2.2　指针变量的使用

在 C 语言中使用指针变量时，常用到下面两个重要的运算符。

（1）&：取地址运算符。如 p = &a；则 p 即为变量 a 的地址。“&”号后能接任何类型的变量（包括指针变量）。

（2）*：指针运算符，后面只能接指针变量。用于访问指针变量所指向的变量。或者说，是以运算对象的值作为地址，并返回这个地址所指变量（或内存单元）的内容。如*p 表示访问指针变量 p 所指向的变量的内容。

如果定义：

```
int  a=8,b;
int  *p;
p=&a;
```

则指针变量 p 指向变量 a，如图 8.4 所示。此时，对变量 a 有以下两种访问方式。

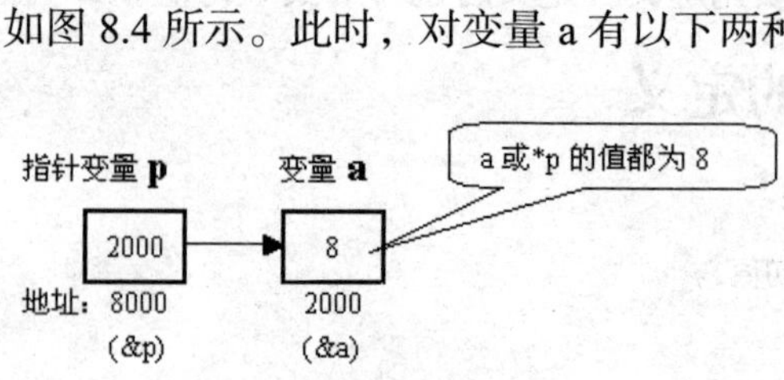

图 8.4　直接访问与间接访问

（1）直接访问，如 b=a;。

（2）通过指针变量间接访问，如 b=*p;。

表 8.1 列出了对变量 a 和指针变量 p 进行引用的常用方法（参照图 8.4 所示的定义）。

表 8.1　　变量 a 和指针变量 p 的引用

&a	表示变量 a 的地址；有&a=2000
p	指针变量 p 的值，p=2000=&a
*p	表示指针变量 p 指向的变量*p=a=8
*&a	相当于*(&a)，有*(&a)=*p=a=8
&*p	相当于&(*p)，有&*p=&(*p)=&a=2000
&p	表示指针变量 p 的地址，有&p=8000
*&p	相当于*(&p)，有*(&p)=2000

上面这两个运算符的结合性是“自右向左”的。从某种意义上说，“&”和“*”是一种相反的运算，如上例的&*p 等于*&p。但是，*&a 不能等于&*a，这是由于“*”号后只能接指针变量，而 a 不是指针变量。

8.2.3　指针的运算

1. 指针和整数的加减运算

在使用指针过程中，可以通过指针与整数的加减运算来移动指针（p），实现对不同数据单元的访问操作。对不同的数据类型，移动的单位长度不同。单位长度一般是指针所指向的变量的数据类型长度。指针与整数的加减运算的返回结果也是一个指针，下面是指针参与运算时实现指针移动的 3 种常用表达式格式。

格式一：p = p +n;（或 p = p - n;）

格式二：p ++;（或 p - -;）

格式三：++ p;（或- - p;）

其中，n 是一个整数，也可以是一个整型表达式。格式一的作用是使指针 p 向前（或向后）移动 n 个单位长度；而格式二和格式三的作用都是使指针 p 向前（或向后）移动 1 个单位长度。例如，定义：

```
short  a=10, b=20, *p=&a;
```

之后，内存分配如图 8.5 所示，这时 p=&a=2000。则执行语句：

```
p++;
```

之后，指针变量 p 的值是不是 2000+1=2001 呢？答案是否定的。

指针变量的值加 1（或减 1），并不是地址值加 1（或减 1），而是加上（或减去）1 个单位长度，即该指针所指向的变量的数据类型长度，也就是指针所指向的变量在内存中所占的字节数。这一点很重要！所以执行 p++之后，指针变量 p 的值不是 2000+1=2001，而是 2000+2=2002。

2. 指针和指针的赋值运算

通过赋值运算符可以将一个指针变量的值赋给另一个指针变量，结果是两个指针指向同一个地址单元。前提是两个指针的类型应该相同。例如，

```
int  a=10, *p, *q;    /*定义两个同类型的指针 p、q*/
p = &a; q = p;
```

则指针变量 p 和 q 的值都是变量 a 的地址，也就是说，指针变量 p 和 q 指向了同一个变量 a，如图 8.6 所示。

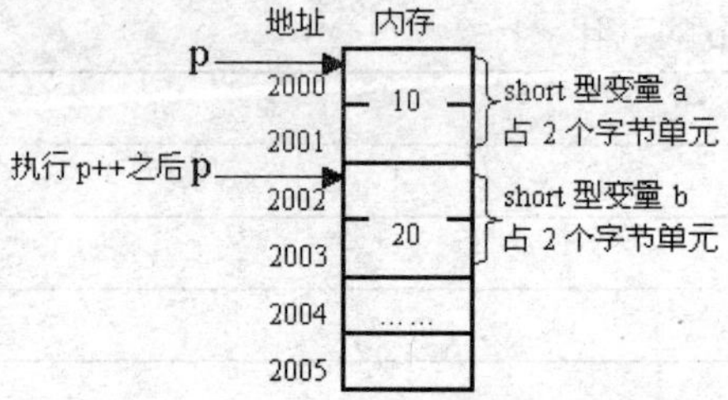

图 8.5　指针的移动

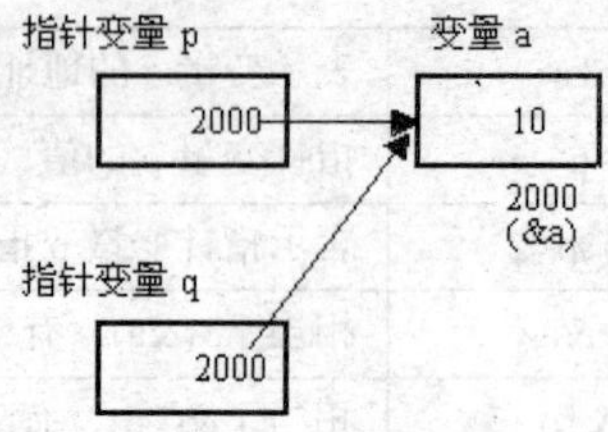

图 8.6　指针的赋值

例 8.1　写出下面程序的运行结果。

```
#include <stdio.h>
main()
{
    int a=10;
    int *p, *q;
    p=&a;
    printf("指针 p 的值为 p=%x（是个地址）\n",p);
    printf("指针 p 所指向的变量的值为*p=%d\n",*p);
    q=p;
    printf("指针 p 的值赋给指针 q 后，指针 q 的值为 q=%x\n",q);
    printf("指针 p 的值赋给指针 q 后，指针 q 所指向的变量的值为*q=%d\n",*q);
}
```

本程序的一次运行结果如下：

```
指针 p 的值为 p=fff4（是个地址）
指针 p 所指向的变量的值为*p=10
指针 p 的值赋给指针 q 后，指针 q 的值为 q=fff4
指针 p 的值赋给指针 q 后，指针 q 所指向的变量的值为*q=10
```

8.2.4* 指向指针的指针

前面介绍的指针变量都是指向普通变量的指针。从存储角度来考虑，指向普通变量的指针变量存放的是普通变量的地址。

若某指针变量中存放的不是普通变量的地址，而是另一个指针变量的地址，则该指针变量便被称为指向指针变量的指针变量，可以简称为“指向指针的指针”。“指向指针的指针”常被称为“二级指针”，相应的，指向普通变量的指针则被称为“一级指针”。

二级指针变量的定义（及赋初值）格式为：

```
类型说明符 **指针变量名[=初值];
```

定义二级指针变量时，应注意：

（1）二级指针变量定义时前面必须有两个“*”号，指向的变量的数据类型由“类型说明符”确定。

（2）在定义的同时可以赋初值。初值必须是一级指针变量的地址，通常形式为“&一级指针名”。例如：

```
int a,
int *p=&a,
int **q=&p;
```

定义了一个整型变量 a，一个一级指针 p 和一个二级指针 q，通过赋初值使 p 指向了 a，q 指向了 p。可通过图 8.7 来描述这种关系。

由图 8.7 可知：变量、一级指针与二级指针之间存在以下关系。

（1）*二级指针变量：代表所指向的一级指针变量。如：*q 就代表 p。

（2）**二级指针变量：代表它所指一级指针变量所指向的变量。如：**q 代表 a。

（3）*一级指针变量：代表它所指向的变量。如：*p 代表 a。

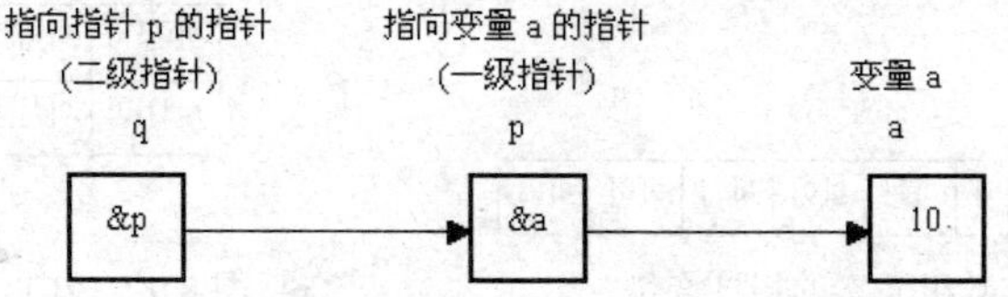

图 8.7　变量、一级指针与二级指针的关系

8.3　指针与数组

C 语言的指针和数组间有着密切关系，通过指针作为手段，可以方便地完成对数组元素的各种操作。在 C 语言中可定义一个指针变量，通过赋值或函数调用参数传递的方式，把数组名或数组的第 1 个元素的地址赋值给该指针变量，该指针变量就指向了该数组的首元素。当一个指针指向数组首元素后，对数组所有元素的访问，既可以使用数组下标，也可以使用指针。当然，通过指针访问数组元素时，同样需要注意不要出现数组越界访问的错误。

8.3.1　指向一维数组元素的指针

C 语言数组中的数组元素可以看作是相应类型的变量。只要类型匹配，就可以定义一个指针变量，让这个指针变量存储数组中数组元素的地址，则该指针便指向该数组元素。

1. 使指针变量指向“数组元素”的方法

（1）在定义的同时为指针变量赋初值

例如：

```
int a[10];              /*定义一个一维数组 a*/
int *p = &a[0];         /*把一维数组 a 的起始地址(第一个元素地址)赋给 p */
int *q = &a[8];         /*把一维数组 a 的第 9 个元素的地址赋给 q */
int b[2][5];            /*定义一个二维数组 b*/
int *p=&b[0][0];        /*把二维数组 b 的起始地址（第一个元素地址）赋给 p */
int *q=&b[1][3];        /*把二维数组 b 的第 9 个元素的地址赋给 q */
```

（2）在程序的执行语句部分为指针变量赋值

例如：

```
int a[10], b[2][5];     /*定义一个一维数组 a 和一个二维数组 b*/
int *p, *q;             /*定义两个指针变量 p 和 q*/
......
p = &a[0];              /*把一维数组 a 的起始地址（第一个元素地址）赋给 p */
```

```
q = &a[8];                     /*把一维数组 a 的第 9 个元素的地址赋给 q */
p=&b[0][0];                    /*把二维数组 b 的起始地址（第一个元素地址）赋给 p */
q=&b[1][3];                    /*把二维数组 b 的第 9 个元素的地址赋给 q */
```

请比较两种方法，以加深对指针定义及赋值的掌握程度。

执行上述定义后的内存状态如图 8.8 和图 8.9 所示。

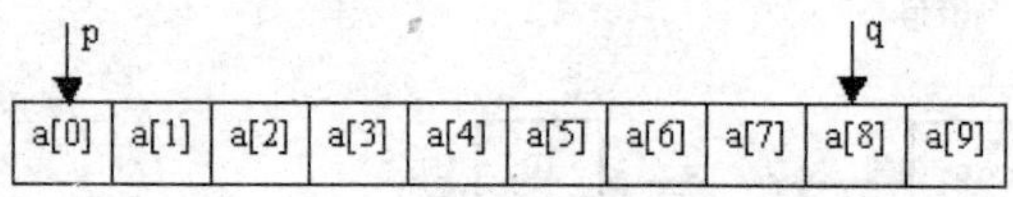

图 8.8　指向一维数组元素的指针变量

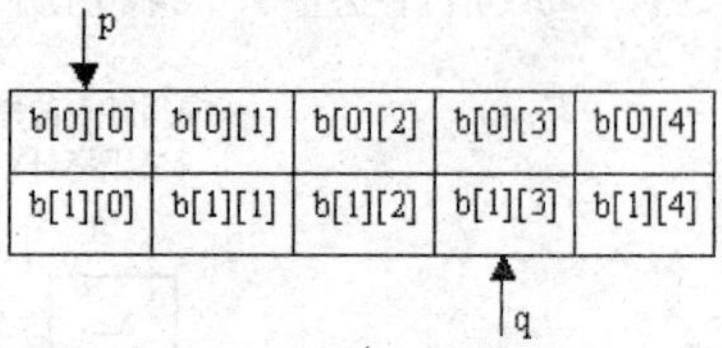

图 8.9　指向二维数组元素的指针变量

需要注意的是：定义指向数组元素的指针变量，其指针类型应与数组元素类型相同。

例如，定义：

```
float  a[10];
int  *p = &a[0];
```

中的第二个语句就是错误的，因为指针 p 是一个整型指针，它是指向整型数据的，而数组元素是实型数据，类型不相同。编译时虽然只会出现“warning C4133：'initializing'：incompatible types-from 'float' * 'to' int* ' ”之类的警告信息，但执行结果是错误的。所以使用时要注意指针类型是否匹配。

2. 通过指针引用一维数组元素

当指针 p 指向一维数组中某个元素后，可以用指针 p 访问一维数组的所有元素。

（1）指向一维数组首元素的指针

假设指针 p 指向一维数组 a 的第一个元素 a[0]，则：

p+1：使 p 指向下一个元素 a[1]。

p+i：使 p 指向元素 a[i]。

注意事项：

① 可以使用*(p+i)访问元素 a[i]。

② 因为 p 和 a 都表示数组首地址，所以 p+i 也可以记作 a+i，指向元素 a[i]。

③ 指向数组的指针变量也可以带下标，如，p[i]与*(p+i)和*(a+i)等价，表示元素 a[i]。

例如：定义

```
int  a[5], *p;
p=a; 或 p=&a[0];
```

后，可通过指针引用数组元素，如图 8.10 所示。C 语言规定，如果在表达式里直接写出数组名，得到的将是该数组的首元素的地址。因此上例中 p = a 或 p = &a[0]，效果完全一样。

由此可知：当指针变量 p 指向一维数组 a，即指向一维数组的第一个元素 a[0]以后，数组的第 i+1 个数组元素 a[i]有如下 4 种写法：

```
a[i]        p[i]        *(a+i)      *(p+i)
```

a[i]的地址也对应有 4 种写法：

```
&a[i]    &p[i]    a+i     p+i
```

（2）指向一维数组非首元素的指针

例如：定义

```
int  a[5], *p;
p=&a[2];
```

后，可通过指针引用数组元素，如图 8.11 所示。

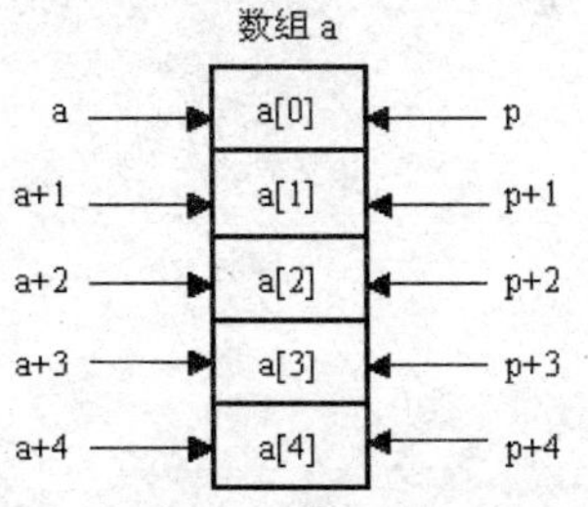

图 8.10　通过指向数组首元素的指针变量引用一维数组元素

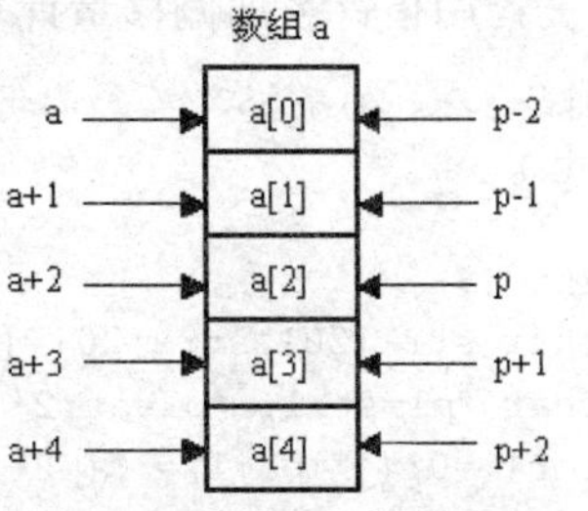

图 8.11　通过指向数组非首元素的指针变量引用一维数组元素

在实际应用中，一般是定义指向一维数组首元素的指针来对数组进行操作。

例 8.2　利用指向数组元素的指针输出数组 a 的各个元素。

```
#include <stdio.h>
main( )
{
    int a[6]={11,22,33,44,55,66};
    int *p;
    for(p=a; p<a+6; p++)
        printf("%4d", *p);
}
```

例 8.3　字符串复制：实现将字符数组 str2 中的字符串复制到字符数组 str1 中。

【算法分析】

① 令指针指向字符串 str2 首地址；

② 将当前地址内容送字符数组 str1 对应地址单元；

③ 字符串 str2 地址+1；

④ 重复②、③直到整个字符串复制完毕为止。

用指针指向数组元素后，可以用四种方法来访问数组元素，因此可以写出四种实现代码。

方法一：用数组名[下标]来访问数组元素。

```
#include <stdio.h>
main( )
{
    int i;
    char str1[20],str2[20]={"How are you!"};
    for(i=0;(str1[i]=str2[i])!='\0';i++);
    puts(str1);
}
```

方法二：用指针名[下标]来访问数组元素。

```
#include <stdio.h>
main( )
```

```
{
    int i;
    char str1[20],str2[20]={"How are you!"};
    char *p1=str1, *p2=str2;
    for(i=0;(p1[i]=p2[i])!='\0';i++);
    puts(str1);
}
```

方法三：用指针名加偏移量计算出的地址来访问数组元素。

```
#include <stdio.h>
main( )
{
    int i;
    char str1[20],str2[20]={"How are you!"};
    char *p1=str1, *p2=str2;
    for(i=0;( *(p1+i)= *(p2+i))!='\0';i++);
    puts(str1);
}
```

方法四：用数组名加偏移量计算出的地址来访问数组元素。

```
#include <stdio.h>
main( )
{
    int i;
    char str1[20],str2[20]={"How are you!"};
    for(i=0;( *(str1+i)= *(str2+i))!='\0';i++);
    puts(str1);
}
```

使用指针访问数组元素，应注意以下问题。

（1）若指针 p 指向数组 a 首元素，虽然 p+i 与 a+i、*(p+i)与*(a+i)意义相同，但仍应注意 p 与 a 的区别。

① a 代表数组的首地址，是不变的量，例如，语句：

```
for(p=a; a<(p+10); a++)
    printf("%d", *a);
```

中企图通过语句 a++来改变 a 的值是不合法的。

② p 是一个指针变量，可指向数组中的任何元素，故要注意指针变量的当前值。

（2）使用指针时，应尽量避免指针访问越界。在例 8.2 中，for 循环执行后，p 已经越过数组的范围，如图 8.12 所示，这时它所指向的单元的值是不确定的，但编译器不能发现该问题。避免指针访问越界是程序员自己的责任。

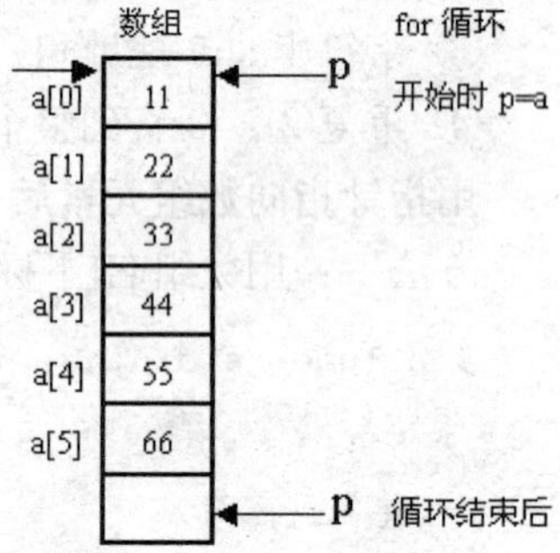

图 8.12　指针访问越界示例

上述程序可进行修改，避免指针 p 越界。修改后的程序如下：

```
#include <stdio.h>
main( )
{
    int a[6]={11,22,33,44,55,66};
    int *p, i=0;
    for(p=a; p<a+6; p++)
```

```
    {
        printf("%4d", *p);
        i++;
        if (i==6) break;
    }
}
```

8.3.2 指向二维数组元素的指针

当指针 p 指向二维数组中某个元素后，可以用指针 p 访问二维数组的所有元素。

当 p 指向二维数组的首元素后，p+1 将指向数组第 2 个元素，p+2 将指向数组第 3 个元素……依此类推。例如定义：

```
int  a[2][5];
int  *p=&a[0][0];
```

后，p 指向二维数组 a 的首元素，如图 8.13 所示。若将数组元素用 p 表示出来，则如图 8.14 所示。

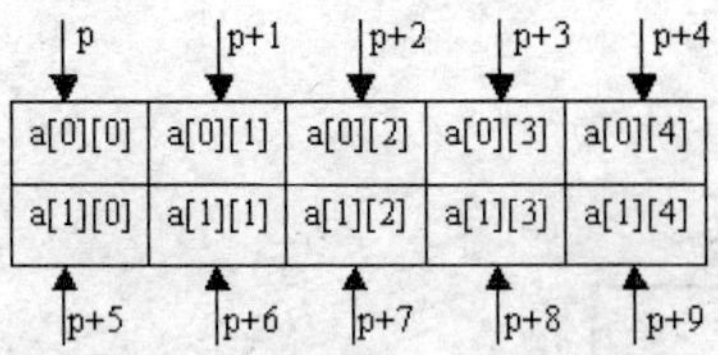

图 8.13 通过指向数组首元素的指针变量引用二维数组元素

*p	*(p+1)	*(p+2)	*(p+3)	*(p+4)
*(p+5)	*(p+6)	*(p+7)	*(p+8)	*(p+9)

图 8.14 用指针变量 p 表示的二维数组元素

对图进行观察，可知：

a[i][j]的地址为 p+i*5+j，a[i][j]可表示为*(p+i*5+j)。

由此推出一般性的结论如下。

假设指针变量 p 已经指向共有 M 行 N 列的数组 A 的首元素，则：

A[i][j]的地址为 p+i*N+j，A[i][j]可表示为*(p+i*N+j)。其中 0≤i<M, 0≤j<N。

例 8.4 用指针法求二维数组的最大值。

解题思路：利用二层 for 循环进行二维数组的遍历，p 指向二维数组的首元素，使用*(p+i*N+j)依次引用数组元素 a[i][j]，最终求出这些数组元素中的最大的一个值。

程序清单如下：

```
#include <stdio.h>
#define M 2
#define N 5
main()
{
    int a[M][N], max, i, j;
    int *p=&a[0][0];                    /*通过赋初值使 p 指向 a 数组首元素*/
    printf("请输入数组中各元素的值：\n");
    for(i=0;i<M;i++)
        for(j=0;j<N;j++)
            scanf("%d",p++);            /*通过 p++依次引用各数组元素地址*/
    max=a[0][0];                        /*首先认为第一元素的值是最大值*/
```

```
    p=&a[0][0];                              /*通过赋值使 p 指向 a 数组首元素*/
    for(i=0;i<M;i++)
        for(j=0;j<N;j++)
            if(max<*(p+i*N+j))               /*max 与各数组元素进行比较*/
                max=*(p+i*N+j);              /*max 总是存放比较后的大者*/
    for(i=0;i<M;i++)
    {
        for(j=0;j<N;j++)
            printf("%5d",*(p+i*N+j));        /*逐行输出数组元素*/
        printf("\n");
    }
    printf("数组中的最大值为: %d",max);       /*输出最大值*/
}
```

8.3.3 指向数组首元素的指针变量的运算

无论数组 a 是一维数组还是二维数组，若指针变量 p 指向数组 a 的首元素，则都存在下面一些常见的运算（下面各图以一维数组为例）。

（1）p++（或 p += 1）

p 指向下一个元素。示例如图 8.15 所示。

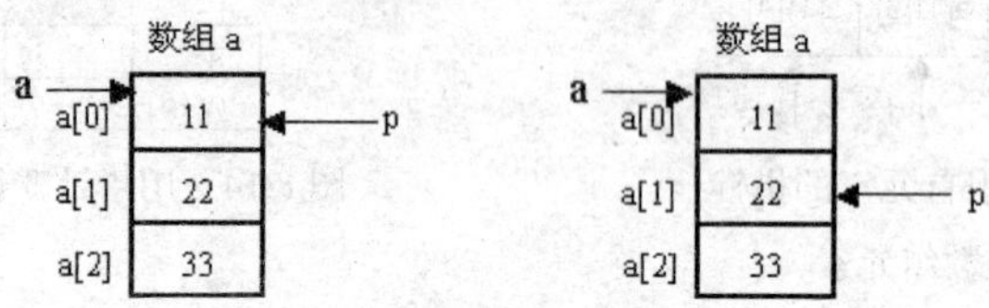

（a）执行 p++前　　（b）执行 p++后

图 8.15　p++执行前后的指针变化

（2）*p++

因为“*”运算符和“++”运算符同优先级，而结合方向为“自右至左”（右结合性），即它相当于*(p++)。而“++”在指针变量 p 的后面，属于后置运算，出现在表达式中时遵循“先用后加”的使用规则，所以，在示例图 8.16 中，执行 X=* p++，相当于执行 X=*(p++)，分解操作相当于先执行 X=(*p)，然后执行 p++。

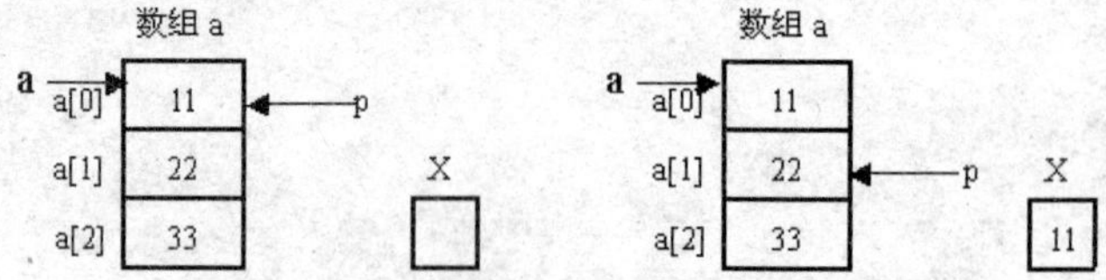

（a）执行 X=*p++前　　（b）执行 X=*p++后

图 8.16　X=*p++执行前后各变量的变化

（3）*(p++)与*(++p)

① *(p++)：同*p++。示例如图 8.16 所示。

② *(++p)：由于“++”在指针变量 p 的前面，属于前置运算，出现在表达式中时遵循“先加后用”的使用规则，所以，在示例图 8.17 中，执行 X=*(++p)，相当于先执行++p，然后执行 X=(*p)。

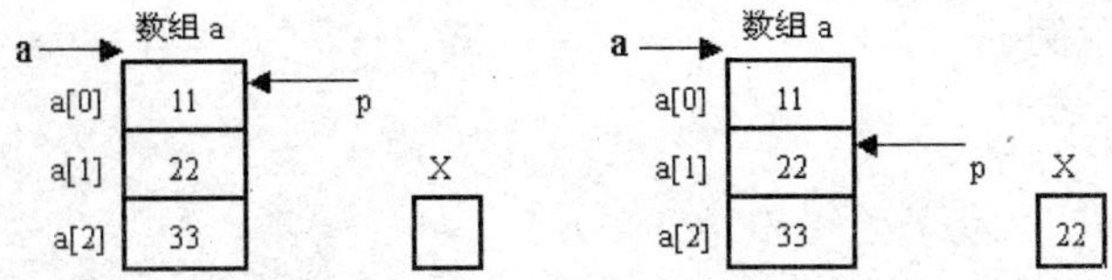

（a）执行 X=*(++p)前　　（b）执行 X=*(++p)后

图 8.17　X=*(++p)执行前后各变量的变化

（4）(*p)++

表示 p 指向的元素值加 1。相当于(a[0])++。所以，在图 8.18 中，执行 X=(*p)++，相当于执行 X=(a[0])++，分解操作相当于先执行 X=a[0]，然后执行 a[0]++。

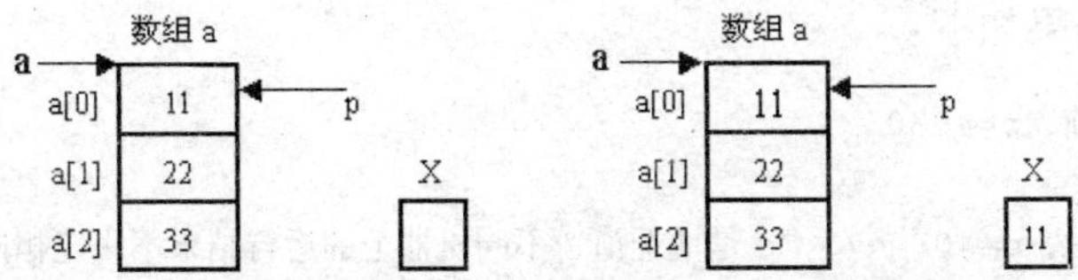

（a）执行 X=(*p)++前　　（b）执行 X=(*p)++后

图 8.18　X=(*p)++执行前后各变量的变化

（5）如果 p 当前指向数组 a 的非首元素 a[i]，则：

① *(p--)相当于 a[i--]，先取*p，再使 p 减 1。示例如图 8.19 和图 8.20 所示。

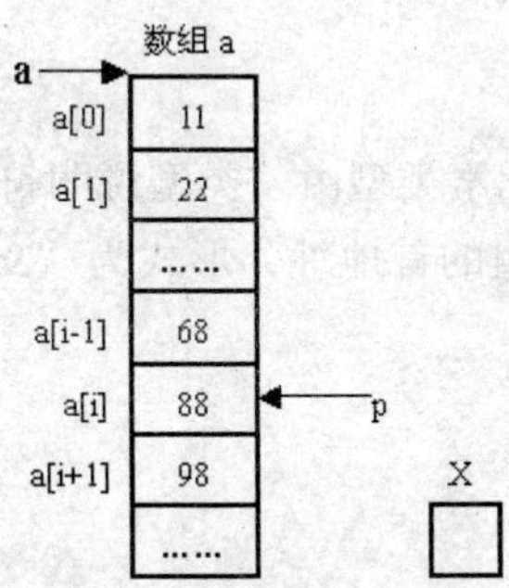

图 8.19　p 指向数组 a 的非首元素

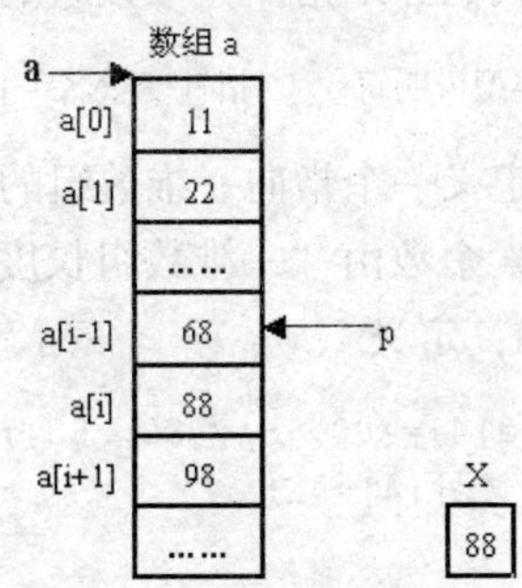

图 8.20　执行 X=*(p--)后

② *(++p)相当于 a[++i]，先使 p 加 1，再取*p。示例如图 8.19 和图 8.21 所示。

③ *(--p)相当于 a[--i]，先使 p 减 1，再取*p。示例如图 8.19 和图 8.22 所示。

图 8.20～图 8.22 都是以图 8.19 为执行前的状态。另外，以上运算都可以编写简单的程序进行验证。例如，对于图 8.18 的运算结果，我们用下面程序即可验证。

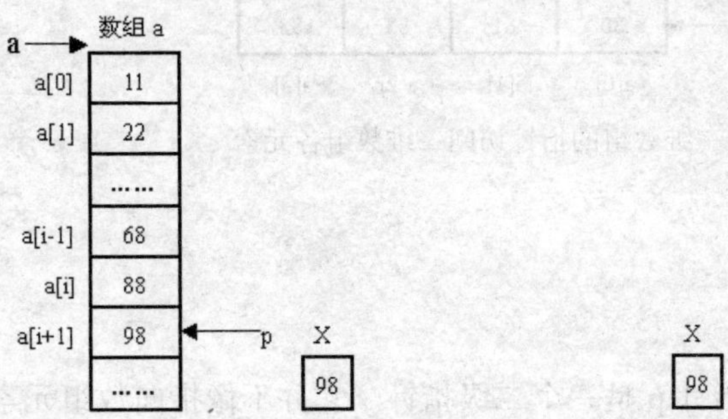

图 8.21　执行 X=*(++p)后

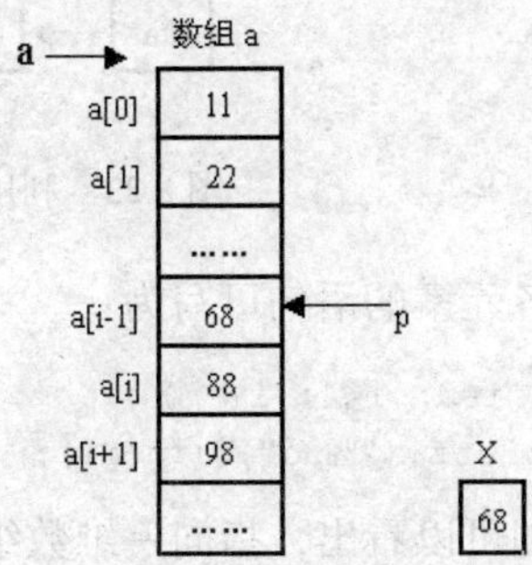

图 8.22　执行 X=*(--p)后

例 8.5 指针运算示例。

```
#include <stdio.h>
main( )
{
    int a[3]={11,22,33};
    int *p=a, X;
    printf("给 X 赋值的语句执行前, p=%d\n", p);
    X=*p++;
    printf("X=%d\n", X);
    printf("给 X 赋值的语句执行后, p=%d\n", p);
}
```

程序的一次运行结果如下：

```
给 X 赋值的语句执行前, p=4080
X=11
给 X 赋值的语句执行后, p=4084     /*p 是地址值, 不同机器上的运行结果不一定相同*/
```

8.3.4* 指向数组的指针

我们能否定义一种指向数组的指针，每次指针加 1 将使指针后移一个数组呢？回答是肯定的。

1. 指向一维数组的指针的定义

首先我们介绍指向一维数组的指针变量的定义，其定义格式为：

```
类型说明符  (*指针变量名)[一维数组长度] [=初值];
```

表示定义一个指向一维数组的指针变量，所指向的数组的元素类型由“类型说明符”说明，数组的元素个数由“一维数组长度”说明。初值通常是一维数组的首地址，形式为“&一维数组名”。例如：定义

```
int  a[4]={80, 81, 82, 83};
int  (*p)[4]=&a;
```

或定义

```
int  a[4]={80, 81, 82, 83};
int  (*p)[4];
p=&a;
```

后，内存状态如图 8.23 所示。

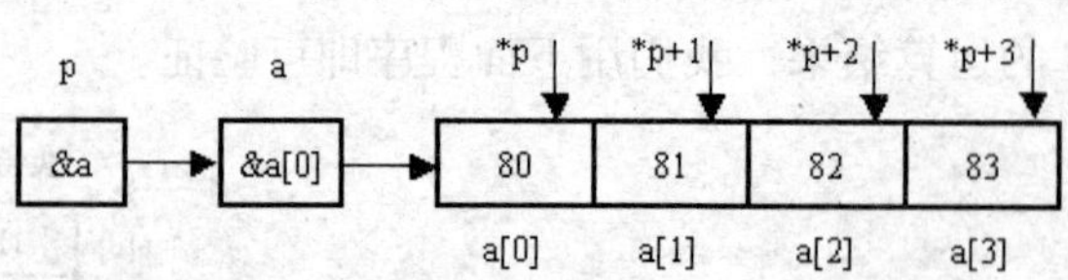

图 8.23 利用指向一维数组的指针访问一维数组各元素

依次输出各元素的语句可写为：

```
for ( i=0; i<4; i++ )
   printf ("%3d",*(*p+i));
```

从上图可以看出，指向一维数组的指针 p 是一个二级指针。它并不像指向数组元素的指针那样是指向某个具体的元素，而是指向整个一维数组 a 的，而数组名 a 代表整个一维数组，所以指

针指向一维数组 a 就有 p=&a，又数组名 a 代表首元素的地址，即 a=&a[0]。所以 p 实际上是一个指向指针的指针，即二级指针。

当用一个指向一维数组的指针 p 指向一维数组 a 后，数组元素 a[i]可以表示为：

```
a[i]        *(a+i)      *(*p+i)      (*p)[i]
```

数组元素 a[i]的地址可以表示为：

```
&a[i]     a+i          *p+i         &(*p)[i]
```

例 8.6　结合图 8.23，分析下面程序的运行结果。

```
#include <stdio.h>
main()
{
    int i;
    int a[4]={80,81,82,83};
    int (*p)[4]=&a;
    printf("p=%d\n",p);
    printf("&a=%d\n",&a);
    printf("a=%d\n",a);
    printf("&a[0]=%d\n",&a[0]);
    for(i=0;i<4;i++)
        printf("%4d",*(*p+i));
}
```

本程序的一次运行结果如下：

```
p=4080
&a=4080
a=4080;
&a[0]=4080
  80  81  82  83
```

对于上面的运行结果，不同机器上运行所得的地址值可能不一样，但 p，&a，a，&a[0]这 4 个地址值肯定是相等的。为什么呢？我们可以这样来理解。

（1）&a[0]与 a 是针对数组首元素 a[0]而言的：&a[0]是取数组首元素 a[0]的地址；a 的值是&a[0]，也表示数组首元素 a[0]的地址。

（2）&a 与 p 是针对整个数组 a 而言的：&a 是取整个数组 a 的首地址。p 的值是&a，也表示整个数组 a 的首地址，从另一个方面来看，p 是指向数组的指针，p 自然是存放数组的首地址。

而数组首元素 a[0]与数组 a 的首地址是相同的，自然 p，&a，a，&a[0]这 4 个地址值是相等的。

2．用指向一维数组的指针指向二维数组的首行

在二维数组中，每一行都可以看成是一个一维数组，因此我们可以定义一个指向一维数组的指针（指向的数组长度等于二维数组列数），然后通过初始化或赋值使它指向二维数组的首行，则我们就可以通过这个指针访问二维数组中任何一行，继而能访问数组中的任意一个元素。

使指向一维数组的指针变量指向二维数组首行的方法有如下两种。

（1）初始化

```
类型说明符　（*指针变量名）[长度]=&首行一维数组名;
或：类型说明符　（*指针变量名）[长度]=二维数组名;
```

（2）赋值

```
指向一维数组的指针变量=&首行一维数组名；
或：指向一维数组的指针变量=二维数组名；
```

例如：定义

```
int  a[2][4]={ { 80, 81, 82, 83 }, { 84, 85, 88, 87 } };
int  (*p)[4]=&a[0];
或int  (*p)[4]=a;
```

后，内存状态如图 8.24 所示。

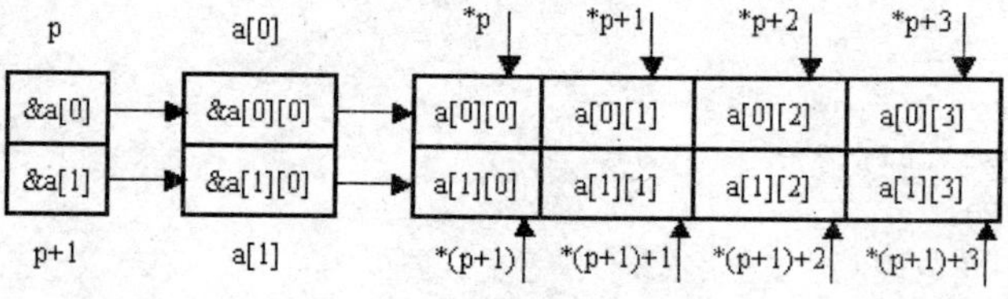

图 8.24　利用指向一维数组的指针访问二维数组各元素

依次输出各元素的语句可写为：

```
for ( i=0; i<2; i++ )
    for ( j=0; j<4; j++ )
        printf ("%3d", *(*( p+i ) + j ) );
```

从图 8.24 可以看出，指向一维数组的指针 p 是一个二级指针，它指向二维数组的第一行，由于指针 p 是用于指向整个一维数组（即第一行）的，所以 p+1 则会跳过这个一维数组而指向下一个一维数组（即第二行）。

这时 p+1 也是一个指向一维数组的指针，只不过它是指向二维数组的第二行而已，从图 8.24 可直接看出，它也是一个二级指针，二级指针名为 p+1，利用二级指针的引用元素的方法，可知第二行各元素的地址及其元素值与第一行相似，只是指针名由 p 变成了 p+1。同理，若有第三行、第四行，只要把指针名分别变为 p+2、p+3 即可，依次类推。

当用一个指向一维数组的指针 p 指向二维数组 a 的首行后，数组元素 a[i][j]可以表示为：

```
a[i][j]    *( a[i]+j )   *(*(a+i)+j )   *( p[i]+j )   *(*(p+i)+j )
```

数组元素 a[i][j]的地址可以表示为：

```
&a[i][j]       a[i]+j      *(a+i)+j       p[i]+j       *(p+i)+j
```

例 8.7　结合图 8.24，分析下面程序的运行结果。

```
#include <stdio.h>
main()
{
    short i,j;
    short a[2][4]={{80,81,82,83},{84,85,88,87}};
    short (*p)[4]=&a[0];
    printf("a=%d\n\n",a);

    printf("p=%d\n",p);
    printf("*p=%d\n",*p);
    printf("a[0]=%d\n",a[0]);
```

```
    printf("&a[0]=%d\n",&a[0]);
    printf("&a[0][0]=%d\n",&a[0][0]);
    printf("**p=%d\n",**p);
    printf("a[0][0]=%d\n\n",a[0][0]);

    printf("p+1=%d\n",p+1);
    printf("*(p+1)=%d\n",*(p+1));
    printf("a[1]=%d\n",a[1]);
    printf("&a[1]=%d\n",&a[1]);
    printf("&a[1][0]=%d\n",&a[1][0]);
    printf("**(p+1)=%d\n",**(p+1));
    printf("a[1][0]=%d\n\n",a[1][0]);

    printf("按行输出数组中各元素：\n");
    for(i=0;i<2;i++)
    {
        for (j=0;j<4;j++)
            printf("%4d",*(*(p+i)+j));
        printf("\n");
    }
}
```

本程序的一次运行结果如下：

```
a=4050

p=4050
*p=4050
a[0]=4050
&a[0]=4050
&a[0][0]=4050
**p=80
a[0][0]=80

p+1=4058
*(p+1)=4058
a[1]=4058
&a[1]=4058
&a[1][0]=4058
**(p+1)=84
a[1][0]=84
```

按行输出数组中各元素：

```
 80  81  82  83
 84  85  88  87
```

对于上面的运行结果，不同机器上运行所得的地址值可能不一样。但我们应重点观察哪些值是相同的。

（1）a，p，*p，a[0]，&a[0]，&a[0][0]都是地址，且地址值是相同的，为数组第一行首地址。

（2）p+1，*(p+1)，a[1]，&a[1]，&a[1][0]都是地址，且地址值是相同的，为数组第二行的首地址。分析同（1）。

（3）**p，a[0][0]都指数组第一行首元素的值。

（4）**(p+1)，a[1][0]都指数组第二行首元素的值。

例 8.8 编写程序，要求能实现从键盘输入一个 M 行 N 列的二维整型数组，然后求取各行的最大值及其列号并输出。

程序清单如下：

```
#include <stdio.h>
#define M 2
#define N 4
main( )
{
    int a[M][N],i,j;
    int max[M],col[M];
    int (*p)[N]=a;
    for(i=0;i<M;i++)
        for(j=0;j<N;j++)
        {
            printf("Please input a[%d][%d]=",i,j);
            scanf("%d",*(p+i)+j);
        }
    for(i=0;i<M;i++)
    {
        max[i]= *(*(p+i)+0);
        col[i]=0;
        for(j=1;j<N;j++)
            if(max[i]< *(*(p+i)+j))
            {
                max[i]= *(*(p+i)+j);
                col[i]=j;
            }
    }
    for(i=0;i<M;i++)
    {
        printf("max of line %d(",i);
        for(j=0;j<N;j++)
            printf("%d ",*(*(p+i)+j));
        printf(") is %d, position is %d\n",*(max+i),*(col+i));
    }
}
```

程序运行后输入数组元素的值：

```
Please input a[0][0]=80
Please input a[0][1]=81
Please input a[0][2]=82
Please input a[0][3]=83
Please input a[1][0]=84
Please input a[1][1]=85
Please input a[1][2]=86
Please input a[1][3]=87
```

对应的输出结果如下：

```
max of line 0(80 81 82 83 ) is 83, position is 3
max of line 1(84 85 86 87 ) is 87, position is 3
```

8.3.5* 指针数组

1. 指针数组的定义

在 C 语言中，可以像创建整型数组一样，定义一个指针数组。指针数组也是一种数组，只是数组中的每个元素都是“指针”而已，只能用来存放地址。

指针数组的定义、赋初值、数组元素的引用与赋值等操作和一般数组的处理方法基本相同。只是需要注意，指针数组的数组元素是指针类型的，对其元素所赋的值必须是地址值。

指针数组的定义格式为：

```
类型说明符  *指针数组名[长度]={初值};
```

功能是定义一个指针数组：数组的每个元素都是一个指针，指针类型由“类型说明符”指定。元素个数由“长度”指定，还可以在定义的同时给指针数组元素赋初值。

例如，语句：

```
int  a=10,b=20,c=30;
int  *p[3]={&a,&b,&c};
```

定义了一个名为 p 的指针型数组，其 3 个元素 p[0]、p[1]、p[2]分别指向 3 个整型变量 a、b、c，如图 8.25 所示。

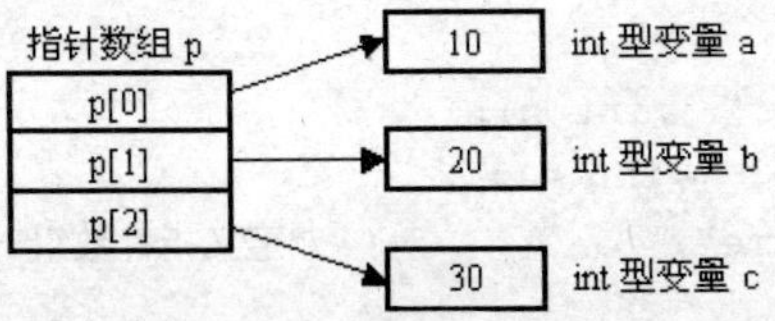

图 8.25　指针数组元素指向普通 int 型变量

2. 指针数组的引用

指针数组元素的引用方法和普通数组元素的引用方法完全相同，可以利用它来引用所指向的普通变量或数组元素，可以对其赋值，也可以参加运算。

（1）引用指针数组元素的格式：

```
指针数组名[下标]
```

（2）引用指针数组元素所指向的普通变量或数组元素的格式：

```
*指针数组名[下标]
```

（3）对指针数组元素进行赋值的格式：

```
指针数组名[下标]=地址表达式;
```

例 8.9　写出下列程序的运行结果。

```
#include <stdio.h>
main( )
{
    int a,b,c,sum;
    int *p[3];                /*定义一个指针数组，数组元素是指向 int 型数据的指针*/
    a=10;b=20;c=30;
    printf("a=%d,b=%d,c=%d\n",a,b,c);
                              /*指针数组元素中存放的都是地址值，分别指向变量 a,b,c*/
    p[0]=&a;p[1]=&b;p[2]=&c;
                              /*引用指针数组元素所指变量的值*/
    printf("*p[0]=%d,*p[1]=%d, *p[2]=%d\n",*p[0],*p[1],*p[2]);
    sum=*p[0]+ *p[1]+ *p[2];
```

```
    printf("*p[0]+*p[1]+*p[2]=%d\n",sum);
    (*p[0] )++;
    printf("a=%d,*p[0]=%d\n",a,*p[0]);
}
```

运行结果如下：

```
a=10,b=20,c=30
*p[0]=10,*p[1]=20,*p[2]=30
*p[0]+*p[1]+*p[2]=80
a=11,*p[0]=11
```

例 8.10　将 5 个字符串按从小到大的顺序排列后输出。

算法思路：用指针数组元素分别指向这 5 个字符串。另外，字符串的处理需要用到字符串输入、字符串输出、字符串比较等库函数。采用的排序方法是“选择法”。

程序清单如下：

```
#include <stdio.h>
#include <string.h>
void main()
{   void sort(char  *name[ ],int n);
  void print (char  *name[ ],int n);
  char  *name[]={"Follow me",                /*定义指针数组 name*/
                 "BASIC",
                 "Great Wall",
                 "FORTRAN",
                 "Computer design"};
  int  n=5;

  sort(name,n);
  print(name,n);
}

void sort(char *name[ ],int n)
{  char *temp;
   int i,j,k;
   for(i=0;i<n-1;i++)
   { k=i;
     for(j=i+1;j<n;j++)
       if(strcmp(name[k],name[j])>0)  k=j;      /*若 name[k]指向的串大于 name[j]指向的串*/
     if(k!=i)  { temp=name[i];                  /*交换指针值*/
                 name[i]=name[k];
                 name[k]=temp;}
}
}
void print(char *name[], int n)
{ int i ;
  for(i=0; i<n; i++)
    printf("%s\n",name[i]);
}
```

程序的一次运行结果：

```
BASIC
Computer design
```

```
FORTRAN
Follow me
Great Wall
```

3. 命令行参数及其处理

指针数组的一个重要应用是作为 main( )函数的命令行参数。在以往的程序中，main 函数都没有参数，表示不处理命令行参数。实际上，C 语言的程序通过 main 的参数可获取命令行参数的信息。main 可以有两个参数，这时的原型是：

```
main ( int  argc, char  *argv[ ] )
```

其中，argc 表示命令行参数的个数（包括命令名），指针数组 argv 用于存放参数（包括命令名）。例如，在命令行：strlink First_string　Second_string 中相应的指针数组存储如图 8.26 所示，各个参数的值如下：

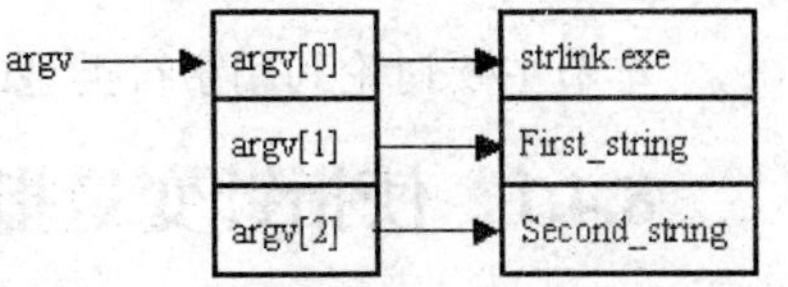

图 8.26　指针数组用作命令行参数

```
argc = 3;
argv[0] ="strlink.exe"
argv[1] ="First_string"
argv[2] = "Second_string"
```

例 8.11　用带参数的 main( )函数实现两个字符串的连接。

```
#include <stdio.h>
main(int argc, char *argv[])
{
    if(argc==3)
    {
        printf("第 0 个参数(命令名)为：%s\n",argv[0]);
        printf("第 1 个参数(字符串 1)为：%s\n",argv[1]);
        printf("第 2 个参数(字符串 2)为：%s\n",argv[2]);
        printf("字符串 1 和字符串 2 相连后的结果为：%s\n",strcat(argv[1],argv[2]));
    }
    else
        printf("错误!请输入两个参数(字符串)!");
}
```

将上面的源程序取名为 strlink.c，将其编译连接成可执行文件 strlink.exe 并存放在 d:\xds 目录中，若在 d:\xds 目录下执行命令：

```
d:\xds>strlink  First_string  Second_string
```

则得到的输出结果如下：

```
第 0 个参数(命令名)为：strlink
第 1 个参数(字符串 1)为：First_string
第 2 个参数(字符串 2)为：Second_string
字符串 1 和字符串 2 相连后的结果为：First_stringSecond_string
```

以下程序要想在 VC 中直接调试运行，可以先在“工程 | 设置 | Debug | program arguments”项中填入参数“First_string Second_string”，然后运行即可得到与上面相同的结果。

目前，在许多图形用户界面的系统里，命令行仍然存在于启动程序的按钮或菜单之中，也可以把某个文件拖到程序文件那里作为程序的启动参数，另外如果要建立程序项、命令菜单项等，也需要写出实际命令行，其中也包括提供所需要的各个命令行参数。这里关于命令行参数的讨论是有必要的。利用指针数组作命令行参数，使得从外部向程序传递参数成为可能。但这种参数仅限于字符串（通常是文件名）。另外，这些参数的个数无任何限制，参数字符串的长度也无限制，也无需事先知道。

8.4 指针与字符串

本节主要讨论利用字符类型的指针变量处理字符串常量的方法。

8.4.1 使指针变量指向“字符串”的方法

将字符类型的指针变量指向字符串有以下两种方法：

（1）在定义的同时给指针变量赋初值。例如：

```
char  *p=" Gold medal";
```

（2）给指针变量赋值。例如：

```
char  *p;
p=" Gold medal";
```

上述两种方式，实际上都是把字符串的第一个字符 G 的地址赋给指针变量 p。如例 8.12 和图 8.27 所示。

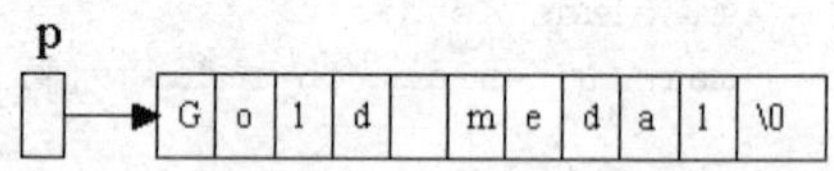

图 8.27 指向字符串的指针变量

例 8.12

```
#include <stdio.h>
main()
{
   char *p="Gold medal";
   printf("%s", p);
}
```

C 语言对字符串常量是按字符数组处理的，在内存中开辟了一个字符数组用来存放字符串常量（包括字符串结束符'\0'）。程序在定义字符指针变量 p 时只是把字符串"Gold medal"的首地址赋给 p，而不把"Gold medal"这整个字符串赋给 p。这一点千万要搞清楚。为了让读者更清楚这一概念。把例 8.12 的程序稍做修改，如例 8.13 所示。

例 8.13

```
#include <stdio.h>
main()
{
   char *p="Gold medal";
   while(*p!='\0')
      printf("%c",*p++);
}
```

例 8.12 和例 8.13 的输出结果都是：

```
Gold medal
```

从修改后的程序可以看出，指针变量 p 在定义时的确只是获得字符串“Gold medal”的首地址，而字符串各字符的输出是靠指针的不断向后移动来实现的。

8.4.2　指向字符串常量的指针变量的使用

（1）把字符串当作整体来处理。

这种方式通常用在字符串的的输入和输出中，格式如下。

① 输入字符串：

- scanf("%s",指针变量);
- gets(指针变量);

② 输出字符串：

- printf("%s",指针变量);
- puts(指针变量);

（2）处理字符串中的单个字符。

若指针变量已经指向了字符串常量，则用指针变量表示的第 i 个字符为：

```
*(指针变量+i)
```

例 8.14　利用指针变量输出字符串并统计字符串的长度。

```
#include <stdio.h>
main()
{
    char *p="Gold medal";
    int i,length=0;
    printf("字符串\"");
    for(i=0; *(p+i)!='\0';i++)
    {
        printf("%c", *(p+i));
        length++;
    }
    printf("\"的长度为: %d", length);
}
```

程序的运行结果为：

```
字符串"Gold medal"的长度为: 10
```

8.4.3　使用字符指针变量与字符数组的区别

用字符数组和字符指针变量都可实现字符串的存储和运算，但是两者是有区别的，在使用时应注意以下几点。

（1）存储内容不同。

字符指针变量本身是一个变量，用于存放字符串的首地址。而字符串本身是存放在以该首地址为首的一块连续的内存空间中并以'\0'作为串的结束。字符数组是由若干个数组元素组成的，每个元素中放一个字符。

（2）赋值方式不同。

对字符指针变量，可采用下面方法赋值，如：

```
char *p;
p="Gold medal";
```

而对字符数组只能对各个元素逐个赋值，不能用以下办法对字符数组赋值：

```
char p[20];
p="Gold medal";
```

（3）指针变量的值是可以改变的。

例 8.15

```
#include <stdio.h>
main()
{
    char *p="Gold medal";
    p=p+5;
    printf("%s",p);
}
```

运行结果如下：

```
medal
```

从例 8.15 可知，指针变量 p 的值可以变化，输出字符串时从 p 当时所指向的单元开始输出各个字符，直到遇'\0'为止。而数组名虽然代表地址，但它的值是不能改变的。例如：

```
char p[]="Gold medal";
p=p+5;
printf("%s",p);
```

是错误的。

（4）输入字符串时有区别。

如果定义了一个字符数组，在编译时为它分配内存单元，它有确定的地址。因此，下面语句：

```
char p[10];
scanf("%s",p);
```

是可以的。而对于字符指针变量，下面的语句：

```
char *p;
scanf("%s",p);
```

是不宜采用的。因为指针在定义时，若没有给它分配内存或使它指向确定的内存单元，则该指针指向的内存位置是不确定的。这里程序的执行就有两种情况：一是指针指向内存空闲区，则程序能正确执行；二是指针指向已存放指令或数据的有用内存段，则会破坏原有程序甚至是系统的正常运行。虽然该程序段在编译时只会出现“Possible use of 'p' before definition”之类的警告信息，而且该程序段有时还能正确执行，但绝对不宜采用。实际编程中，可以采用下面语句：

```
char str[20];
char *p=str;
scanf("%s",p);
```

使 p 指向确定的内存。

从以上几点可以看出字符指针变量与字符数组在使用时的区别，同时也可看出使用指针变量更加方便。前面说过，当一个指针变量在未取得确定地址前使用是危险的，容易引起错误。但是对指针变量直接赋值是可以的。因为 C 系统对指针变量赋值时要给以确定的地址。因此，

```
char *ps="C Langage";
```

或者

```
char *ps;
ps="C Language";
```

都是合法的。

8.5　指针与函数

指针与函数的结合使编程更为灵活。指针可以用作函数的参数（传递地址值），函数也可以返回一个指针类型的值（地址），甚至可以定义指向函数的指针。

8.5.1　指针作函数参数

指针可以作为参数在调用函数和被调用函数之间传递数据，它传递的是“地址值”。

1. 函数形参为指针，实参为地址表达式

因为地址表达式的值是一个地址值，所以函数调用时，实参地址表达式传递给形参指针变量的值是地址，故参数传递后实参与对应的形参指向同一个单元，函数体内对形参的任何操作就相当于是对实参的操作。

例 8.16　利用指针作参数，交换两个变量的值。

交换 a 和 b 的值，可以用下列算法：

```
void swap(int p, int q)    /* 函数 swap( ): 交换两个整型变量的值 */
{
    int temp;
    temp = p;
    p =q;
    q = temp;
}
```

但是，在下面的测试程序中，主程序中调用交换函数 swap( )并不能实现 a 和 b 的交换。

```
#include <stdio.h>
void swap(int p, int q)    /* 函数 swap( ): 交换两个整型变量的值 */
{
    int temp;
    printf("交换函数调用 swap 执行开始时, 形参 p=%3d,q=%3d\n",p,q);
    temp = p;
    p = q;
    q = temp;
    printf("交换函数调用 swap 执行结束时, 形参 p=%3d,q=%3d\n",p,q);
}
main( )  /*--- 测试函数 swap( ) 用的主函数 ---*/
{
    int a = 10, b = 20;
    printf("交换函数调用 swap(a,b)执行前, 实参 a=%3d,b=%3d\n",a,b);
    swap(a, b);
    printf("交换函数调用 swap(a,b)执行后, 实参 a=%3d,b=%3d\n",a,b);
}
```

程序运行结果如下：

```
交换函数调用 swap(a,b)执行前, 实参 a= 10,b= 20
交换函数调用 swap 执行开始时, 形参 p= 10,q= 20
```

```
交换函数调用 swap 执行结束时，形参 p= 20,q= 10
交换函数调用 swap(a,b)执行后，实参 a= 10,b= 20
```

这是由于实参 a、b 只是简单地将值传递给函数形参 p、q。值传递以后，它们就互不相干，这样，在函数调用过程中，p 和 q 的值交换了，但 a 和 b 的值仍保持原样。

为解决这一问题，我们将 swap( )函数中参数类型改为指针类型。此时函数为：

```
void swap(int *p, int *q)                                /* 指针作为函数参数 */
{
    int temp;
    temp = *p;
    *p = *q;
    *q = temp;
}
```

利用指针实现两个数 a 和 b 交换的测试程序如下：

```
#include <stdio.h>
void swap(int *p, int *q)   /* 函数 swap( ): 交换两个指针所指向的变量的值 */
{
    int temp;
    printf("交换函数调用 swap 执行开始时，*p=%3d, *q=%3d\n",*p,*q);
    temp = *p;
    *p = *q;
    *q = temp;
    printf("交换函数调用 swap 执行结束时，*p=%3d, *q=%3d\n",*p,*q);
}
main( )  /*--- 测试函数 swap( ) 用的主函数 ---*/
{
    int a = 10, b = 20;
    printf("交换函数调用 swap(&a,&b)执行前, a=%3d,b=%3d\n",a,b);
    swap(&a, &b);
    printf("交换函数调用 swap(&a,&b)执行后, a=%3d,b=%3d\n",a,b);
}
```

程序运行结果如下：

```
交换函数调用 swap(&a,&b)执行前, a= 10,b= 20
交换函数调用 swap 执行开始时，*p= 10,*q= 20
交换函数调用 swap 执行结束时，*p= 20, *q= 10
交换函数调用 swap(&a,&b)执行后, a= 20,b= 10
```

此时，由于函数的形参 p 和 q 是指针变量，实参是 a 和 b 的地址，参数传递是将 a 和 b 的地址传递给指针变量 p 和 q，相当于执行 p=&a; q=&b；则*p 和 a，*q 和 b 分别代表同一个内存单元的值，swap( )函数调用结束后，*p 和*q 的值进行了交换，就相当于 a 和 b 的值进行了交换，如图 8.28 所示（图中的地址值是假设的）。

2. 函数形参为指针，实参为数组名

由于数组名代表的是数组的首地址，所以数组名作为实参传递给函数形参的也是一个“地址”值。

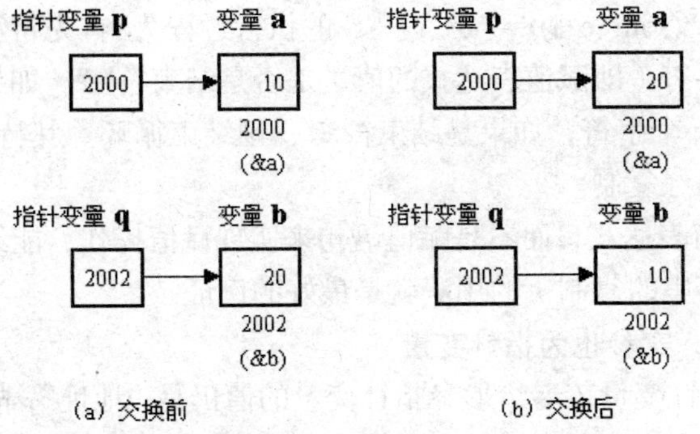

图 8.28　利用指针作为函数参数实现两数的交换

例 8.17　用函数调用方式，实现字符串的复制。

```
#include <stdio.h>
void string_copy(char *dest, char *source)
{
    int i=0;
    for(; (*(dest+i)= *(source+i))!='\0'; i++) ; /*循环体为空语句*/
    printf("函数调用后，[形参]变量的值\n");
    printf("source=\"%s\"\n",source);
    printf("dest=\"%s\"\n",dest);
}
void main( )
{
    char str1[20]="I am a student";
    char str2[20];
    string_copy(str2, str1); /*数组名作实参*/
    printf("函数调用后，[实参]变量的值\n");
    printf("str1=\"%s\"\n",str1);
    printf("str2=\"%s\"\n",str2);
}
```

程序运行结果：

```
函数调用后，[形参]变量的值
source="I am a student"
dest="I am a student"
函数调用后，[实参]变量的值
str1="I am a student"
str2="I am a student"
```

在本例中，当主程序中的调用函数 string_copy( )执行时，实参 str1 (数组名)传递给形参 source（指针变量）的是数组首地址，因而 str1 和 source 指向同一个单元。同理，str2 和 dest 也指向同一个单元，如图 8.29 所示。

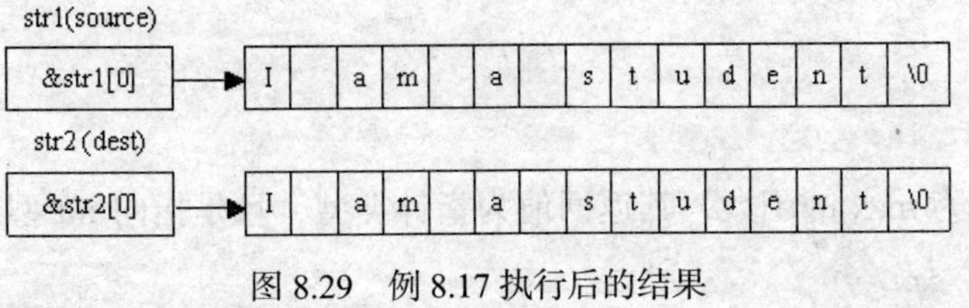

图 8.29　例 8.17 执行后的结果

语句 for(; (*(dest+i)=*(source+i))!= '\0'; i++) ; 的执行过程为：首先将源串中的当前字符复制到目标串中；然后判断该字符（即赋值表达式的值）是否是结束符'\0'。如果不是，则相对位置变量 i 的值增 1，以便复制下一个字符；如果是结束符'\0'，则结束循环。其特点是：先复制、后判断，循环结束前，结束标志已经复制。

在 C 语言中，用赋值表达式，而不是赋值语句来实现赋值操作，能给某些处理带来很大的灵活性，该语句（实现字符串的复制）的用法就是最好的例证。

3. 函数形参为指针，实参也为指针变量

函数调用时，实参指针变量传递给形参指针变量的值仍是“地址”，故参数传递后实参与形参指针变量指向同一个内存单元，函数体内对形参的任何操作就相当于是对实参的操作。

例 8.18　用函数调用方式，求字符串的长度。

```
#include <stdio.h>
int str_length(char *str)                        /*形参 str 为指针变量*/
{
    int i;
    printf("参数传递后，[形参]指针指向的字符串为\n");
    for(i=0; str[i]!='\0'; i++) ;                /*循环体为空语句，i 统计字符串的长度*/
    printf("str=\"%s\"\n",str);
    return i;  /*返回字符串的长度*/
}
void main( )
{
    int x;
    char *string={"I am a student."};
    printf("函数调用时，[实参]指针指向的字符串为\n");
    printf("string=\"%s\"\n",string);
    x=str_length(string);                        /*函数调用时，实参 string 也为指针变量*/
    printf("字符串的长度是: %d\n",x);
}
```

程序运行结果：

```
函数调用时，[实参]指针指向的字符串为
string="I am a student."
参数传递后，[形参]指针指向的字符串为
str="I am a student."
字符串的长度是：15
```

8.5.2　返回指针的函数

一个函数可以返回一个 int 型、float 型、char 型的数据，也可以返回一个指针类型的数据（即地址）。返回指针值的函数（简称指针函数）的定义格式如下：

```
函数类型   *函数名（[形参表]）
```

例如：

```
int  *max(int x, int y)
```

就定义了一个函数名为 max 的函数，其返回值为指针类型，且是指向 int 型数据的指针。而

```
int  max(int x, int y)
```

是前面介绍的一种常规函数定义，它表示定义了一个函数名为 max 的函数，其返回值为 int 类型。

由此可见，返回值为指针的函数和前面学习的返回值为 int（或 float 或 char）型的普通函数在定义上是没有根本区别的，只是“返回值的类型”不同而已。

例 8.19　编一指针函数求一字符串的子串，并返回子串的首地址。

```
#include <stdio.h>
char *substr(char *s,int i, int j)              /*函数 substr( )的返回值为指针类型*/
{
    int n, t;
    char sub[100];                              /*sub 数组存放子串*/
    char *q=sub;
    for (n=0;s[n]!='\0';n++);                   /*计算 s 数组的长度*/
    if (i>0 && i<=n-j+1 && j>0 && j<=n-i+1)    /*若输入的 i 和 j 值正确*/
    {
        for (t=0;t<j;t++)
            q[t]=s[i+t-1];                      /*则求子串，并返回子串首地址*/
        q[t]='\0';
        return(q);
    }
    else return(0);                             /*否则返回空指针（0 值）*/
}
main( )
{
    char str[100];                              /*主串放在一维字符数组 str 中*/
    int i,j;
    char *p;
    printf("求主串中从第 i(>0)个位置开始的长度为 j(>0)的子串：\n");
    printf("请首先输入主串：");
    gets(str);
    printf("请输入位置 i 和长度 j 的值：\n");
    printf("i=");   scanf("%d",&i);
    printf("j=");   scanf("%d",&j);
    p=substr(str,i,j);                          /*调用函数 substr()，返回值是指针，可以赋给 p*/
    if (p)
        printf("求得的子串为： %s",p);
    else
        printf("主串中不存在该子串！");
}
```

程序的一次运行结果如下：

```
求主串中从第 i(>0)个位置开始的长度为 j(>0)的子串：
请首先输入主串：I am a student↙
请输入位置 i 和长度 j 的值：
i=8↙
j=9↙
求得的子串为：a student
```

例 8.20　输入一行字符，统计其中分别有多少个单词和空格。比如输入：How are you，有 3

个单词和两个空格。

```
#include <stdio.h>
/*数组元素number[0]存放单词个数，number[1]存放空格个数*/
int number[2]={0,0};
/*统计字符串中单词个数和空格个数的函数，返回值为指针（地址）*/
int *word_blank_num(char *s)
{
    int is_word=0;                  /*置单词标记is_word初值为0*/
    for(;(*s)!='\0';s++)            /*从第一个字符开始，依次对串中每个字符进行判断*/
        if(*s==' ')                 /*若当前字符为空格，置单词标记为0，空格数加1*/
        {
            is_word=0;
            number[1]++;
        }
        else
            if (is_word==0)
            {/*若当前字符不是空格，且前一字符是空格，单词数加1*/
                is_word=1;
                number[0]++;
            }
    return(number);                 /*返回结果的number数组的首地址(数组名)*/
}
main( )
{
    char string[100];
    int *p;
    printf("请输入一行字符：\n");
    gets(string);
    /*调用返回指针值的函数，使p指向结果数组number的首地址*/
    p=word_blank_num(string);
    printf("该行字符中的单词个数为：%d\n",p[0]);
    printf("该行字符中的空格个数为：%d\n",p[1]);
}
```

本程序一次运行结果如下：

```
请输入一行字符：
How are you↙
该行字符中的单词个数为：3
该行字符中的空格个数为：2
```

8.5.3* 函数指针

通过前面的学习，我们已经知道，C语言中的指针，既可以指向（普通）变量（如整型、字符型、实型等），也可以指向数组元素或数组。下面我们还要介绍一种指向函数的指针变量——函数指针。

在程序编译时，编译系统会给函数分配一段内存单元，这段内存的起始地址就是函数的入口地址（函数中第一条指令的地址）。如果一个指针变量的值等于函数的入口地址，则该指针变量称为指向函数的指针变量，简称为函数指针。

1. 函数指针的定义

指向函数的指针变量（即函数指针）的一般定义形式为：

```
函数返回值类型  (*指针变量名)(形参类型);
```

可以看出，除函数名用（*指针变量名）代替外，函数指针的定义形式与函数的原型相同，在函数指针定义中加入形参类型是现代程序设计风格。例如：

```
int  (*p) (int, int);
```

形参类型一般不要省略。仅当形参类型是 int 时，可以省略。例如：

```
int  (*p) ( );
```

2. 用函数指针变量调用函数

在定义指向函数的指针变量时，可以根据所赋的地址不同而指向不同的函数。一旦定义了指针变量指向某个具体的函数之后，就可以通过该指针变量来调用此函数。

例 8.21　通过函数指针调用函数，求 a 和 b 的和。

```
#include <stdio.h>
int add(int x, int y)/ *定义函数 add*/
{
   return x+y;
}
main( )
{
   int (*p)(int, int);                    /*定义一个指向函数的指针变量 p*/
   int a,b,sum;
   p = add;                               /*使函数指针 p 指向函数 add */
   scanf("%d,%d", &a, &b);
   sum = (*p)(a,b);/ *通过函数指针调用函数 add，相当于 sum=add(a,b)*/
   printf("a=%d,b=%d,a+b=%d",a,b,sum);
}
```

注意事项：

（1）函数的调用可以通过函数名调用，也可以通过函数指针调用，如例 8.21 中的语句：

```
sum=(*p)(a,b);
```

相当于语句：

```
sum=add(a,b);
```

（2）(*p)( )表示一个指向函数的指针变量，它可以先后指向不同的函数。

（3）指向函数的指针变量 p，只能指向函数的入口地址，而不可能指向函数中某一条指令处的地址，因此像 p++、p--、p+n 等运算是无意义的。

（4）注意 int　(*p)( )和 int　*p( )的区别：在定义 int　(*p)( )中，p 先与*结合，p 是指针变量，然后与( )结合，表示此指针变量指向函数。如果定义为 int　*p( )，由于( )比*优先级别要高，则 p 先与( )结合，p 是函数，然后与*结合，表示函数的返回值是一个指针值。

3. 用函数指针作函数参数

前面已经介绍，定义指向函数的指针变量时，并没有指明它到底指向哪个函数，而是在随后的程序运行过程中，根据所赋的地址不同而指向不同的函数。基于这一特点，我们可以把函数指针用作某一函数的形式参数，从而使该函数能根据实际情况调用不同的函数，大大增强该函数的功能。

例 8.22 模拟计算器中的加、减、乘、除运算。

```
#include <stdio.h>
int add(int x, int y) /*定义实现加法的函数 add*/
{
   return x+y;
}
int sub(int x, int y) /*定义实现减法的函数 sub*/
{
   return x-y;
}
int mul(int x, int y) /*定义实现乘法的函数 mul*/
{
   return x*y;
}
int div(int x, int y) /*定义实现整除的函数 div*/
{
   return x/y;
}
int compute(int x, int y, int (*p)(int,int) )/ *函数指针 p 作为 compute 函数的参数*/
{
   int n;
   n=(*p)(x, y);        /*通过函数指针变量 p 调用函数*/
   return n;
}
void main( )
{
   int a, b,result;
   char op;
   printf("请连续输入操作数 a, 运算符 op 和操作数 b: \n");
   scanf("%d%c%d",&a,&op,&b);
   switch (op)
   {
      case '+': result=compute(a, b, add);break;
      case '-': result=compute(a, b, sub);break;
      case '*': result=compute(a, b, mul);break;
      case '/': result=compute(a, b, div);break;
   }
   printf("计算的结果为: %d%c%d=%d\n",a,op,b,result);
}
```

在上面的主程序中，switch 语句根据运算符的不同决定将某函数的入口地址（add 或 sub 或 mul 或 div）传递给 compute 函数中的形式参数（函数指针 p），从而使 compute 函数能够进行加、减、乘、除等多种运算。

例如在执行函数调用语句：compute(a,b,add);时，实参 a 的值传递给形参 x，实参 b 的值传递给形参 y，实参 add（add 函数的入口地址）传递给形参 p（函数指针），然后在函数体中执行(*p)(x, y)就相当于执行 add (x, y)。

8.6* 综合与提高

本章讨论了地址值（指针值），指针（指针变量），指针的类型，取地址运算，间接运算，函数的执行环境，指针参数，指针运算，数组和指针，字符指针和字符数组，指针数组，命令行，命令行参数，指向函数的指针。

8.6.1 本章重要概念

1. 指针和指针变量

指针是一种数据类型，指针的值一般指某个变量的地址。从某种意义上说，指针就是地址。而指针变量是指用来存放指针（即其他变量的地址）的变量。

2. &和*运算符

“&”为取地址运算符，如&x 表示变量 x 的地址。“*”为取内容运算符，如*x 表示指针变量 x 指向的内容。

3. 指向一维数组元素的指针、指向一维数组的指针和指针数组

当用一个指针 p 指向一维数组的某个元素后，就可以通过指针变量名(*p)来访问该数组元素，还可以通过移动指针来访问该一维数组中的其他元素。指针的移动是以数组元素为单位的。它属于“一级指针”，其定义形如：

```
int  *p=&数组元素;
```

而指向一维数组的指针是指向一个由 m 个元素组成的一维数组。指针的移动不以数组元素为单位，而是以一维数组为单位。这种指针一般初始化指向二维数组（n×m）的某一行。它属于“二级指针”，其定义形如：

```
int  (*p)[m]=&一维数组名;
```

指针数组跟前两种不同，它是一种“数组”，只是数组元素是“指针”而已。 其定义形如：

```
int  a,b,c, *p[3]={&a,&b,&c};
```

注意定义形式上的区别，*p[3]只比(*p)[3]少了个括号，但含义却完全不同。

4. 返回指针值的函数（指针函数）和函数指针

返回指针值的函数（简称指针函数）实质上也是一个“函数”，只不过是返回值的类型是“指针”而已。其定义形如：

```
int  *max(int x, int y);
```

函数指针实际上是一个“指针”，只不过是该指针是专门用于指向“函数”的，其定义形如：

```
int  (*p) (int, int);
```

在定义时，指针变量 p 到底指向哪个函数并没有指明，它可以根据所赋的地址不同而指向不同的函数。

8.6.2 指针使用中的常见错误

使用指针最常见的错误就是非法的间接访问，即在一个指针并没有指向合法变量的情况下对它做间接访问。在下面的程序片段中：

```
int  f (...) {
     int *p,n=3;
     *p=2;…}
```

上述语句“*p= 2;”是错误的，因为在执行这个语句时，p 没有指向任何整型变量，这时通过

p 间接赋值，可能引起无法预料的后果。

当一个指针没有保存一个合法的变量地址时，称它为悬空指针或野指针，通过野指针进行间接访问或间接赋值是很危险的。常见的错误写法还包括在参数传递中（下面的语句执行时，p 是一个悬空的整型指针，n 是一个整型变量）:

```
int *p,n=3;
swap(p,&n);
```

另外，使用指针访问数组元素时经常会发生下标“多 1”或者“少 1”的操作，即指针指向“越界”。特别是在 for 循环语句中，循环次数很容易搞错，导致数组操作越界。

8.6.3 提高实践

例 8.23 输入 10 个数，用“简单选择排序“方法对 10 个数排序（由小到大）。

解题思路：对 *n* 个数进行排序的过程为：首先从 *n* 个整数中选出值最小的整数，将它交换到第一个元素位置，再从剩余的 *n*-1 个整数中选出值最小的整数，将它交换到第二个元素位置，重复上述操作 *n* 次后，排序结束。

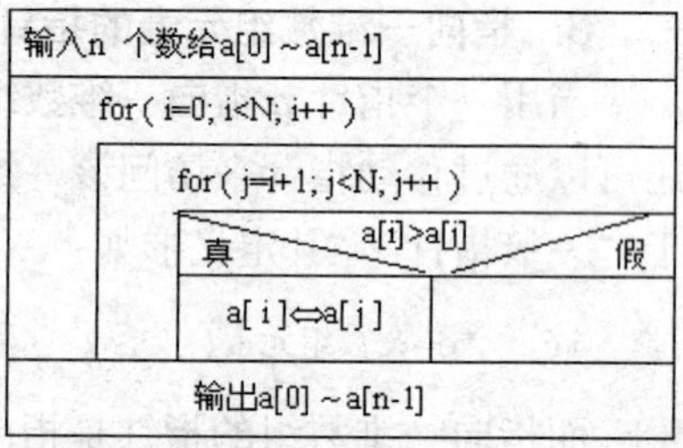

图 8.30 “选择法”排序的程序流程图

程序流程图（用两层嵌套循环实现）如图 8.30 所示。

程序清单如下：

```
#include <stdio.h>
#define N 10
void swap(int *a, int *b)
{
   int temp;
   temp=*a; *a=*b; *b=temp;
}
void smp_selesort(int *r, int n)/ *简单选择排序*/
{
   int i,j;
  for(i=0;i<n;i++)
  {
    for(j=i+1;j<n;j++)
      if(*(r+i)> *(r+j))  swap(r+i,r+j);
  }
}
main( )
{
   int i,a[N];
   printf("请输入%d 个整数: \n",N);
   for(i=0;i<N;i++)
      scanf("%d",a+i);
   smp_selesort(a,N);     /*调用排序函数*/
   printf("排序后的输出为: \n");
   for(i=0;i<N;i++)
      printf("%5d",*(a+i));
}
```

该程序的一次运行结果如下：

```
请输入 10 个整数:
20  43  8  5  48  13  4  32  57  85
```

排序后的输出为:

```
4   5   8  13  20  32  43  48  57  85
```

例 8.24 字符串的基本运算——子串定位。程序的功能是返回子串 t 在主串 s 中首次出现的位置，如果 s 中未出现 t，则返回-1。函数名为 index(s,t)。例如，主串为“abcdefbc”，子串为“bc”，则子串在主串中首次出现的位置为 2。

解题思路：从主串 s 中的第一个字符开始，按子串 t 的长度,与子串 t 中的字符依次对应比较。若不匹配，则再从 s 串中的第二个字符开始，仍按 s1 子串 t 的长度 s1.len，与 s1 子串 t 中的字符依次对应比较。如此反复进行比较。直到匹配成功或者主串 s 中剩余的字符少于 s1 的长度为止。若匹配成功，则返回子串 t 在主串 s 中的位置。若匹配不成功，则返回函数值-1。

程序清单如下：

```
#include <stdio.h>
int index(char *s,char *t)
{
    int i,j,k;
    /*在主串中从 s[i]开始逐个与子串中的每个字符比较*/
    for (i=0; *(s+i)!='\0';i++)
    {
        for(j=i,k=0; *(t+k)!='\0' && *(s+j)== *(t+k);j++,k++);
        if (*(t+k)=='\0')
            return(i+1);                      /*若子串已到串尾，则返回位置号*/
    }
    return(-1);
}

main( )
{
    char s1[50],s2[20];
    int n,i;
    printf("判定子串在主串中首次出现的位置：\n");
    printf("请输入主串：");
    gets(s1);
    printf("请输入子串：");
    gets(s2);
    n=index(s1,s2);
    if (n>0)
        printf("查找结果：子串位置为%d",n);
    else
        printf("查找结果：主串中不存在该子串！");
}
```

该程序的一次运行结果如下：

```
判定子串在主串中首次出现的位置：
请输入主串：abcdefbc↙
请输入子串：bc↙
查找结果：子串位置为 2
```

该程序的另一次运行结果如下：

判定子串在主串中首次出现的位置：
请输入主串：abcdefbc↙
请输入子串：bd↙
查找结果：主串中不存在该子串！

习　题

一、选择题

1. 若已定义 int a=8, *p=&a; 则下列说法中不正确的是（　　）。

A. *p=a=8　　B. p=&a　　C. *&a=*p　　D. *&a=&*a

2. 若已定义 short a[2]={8,10},*p=&a[0];假设 a[0]的地址为 2000，则执行 p++后，指针 p 的值为（　　）。

A. 2000　　B. 2001　　C. 2002　　D. 2003

3. 若已定义 int a[8]={0,2,3,4,5,8,7,8 };*p=a;则数组第 2 个元素“2”不可表示为（　　）。

A. a[1]　　B. p[1]　　C. *p+1　　D. *(p+1)

4. 若已定义 int a,*p=&a,**q=&p;则不能表示变量 a 的是（　　）。

A. *&a　　B. *p　　C. *q　　D. **q

5. 设已定义语句 int　*p[10], (*q)[10];，其中的 p 和 q 分别是（　　）。

① 10 个指向整型变量的指针
② 指向具有 10 个整型变量的函数指针
③ 一个指向具有 10 个元素的一维数组的指针
④ 具有 10 个指针元素的一维数组

A. ②、①　　B. ①、②　　C. ③、④　　D. ④、③

6. 若已定义 int a[2][4]={ { 80, 81, 82, 83 }, { 84, 85, 88, 87 } }, (*p)[4]=a;则执行 p++;后，**p 代表的元素是（　　）。

A. 80　　B. 81　　C. 84　　D. 85

7. 执行语句 char a[10]={"abcd"}，*p=a；后，(p+4)的值是（　　）。

A. "abcd"　　B. '\0'　　C. 'd'　　D. 不能确定

8. 设已定义 int a[3][2]={10,20,30,40,50,80};和语句(*p)[2]=a;则*(*(p+2)+1)的值为（　　）。

A. 80　　B. 30　　C. 50　　D. 不能确定

9. 以下程序的运行结果是（　　）。

```
#include <stdio.h>
main( )
{
   int a[4][3]={ 1, 2, 3, 4, 5, 8, 7, 8, 9,10,11,12};
   int *p[4], i;
   for(i=0; i<4; i++)
      p[i]=a[i];
   printf("%2d,%2d,%2d,%2d\n", *p[1], (*p)[1], p[3][2], *(p[3]+1));
}
```

A. 4, 4, 9, 8　　B. 程序出错　　C. 4, 2,12,11　　D. 1, 1, 7, 5

10. 以下各语句或语句组中，正确的操作是（　　）。

A. char s[4]="abcde";　　B. char *s; gets(s);

C. char *s; s="abcde";　　D. char s[5]; scanf("%s", &s);

二、填空题

1. 定义 compare (char *s1, char *s2)函数，实现比较两个字符串大小的功能。以下程序运行结果为-32，选择正确答案填空。

```
#include <stdio.h>
compare ( char *s1, char *s2 )
{
    while (*s1  &&  *s2  &&_______【1】_______ )
    {
        s1++;
        s2++;
    }
    return  (*s1-*s2);
}
Main ( )
{
    Printf("%d\n",compare("abCd","abc"));
}
```

2. 以下程序用来输出字符串。

```
#include <stdio.h>
main ( )
{
    char *a[ ]={"for", "switch", "if", "while"};
    char **p;
    for ( p=a; p<a+4; p++ )
        printf ( "%s\n", _______【2】_______ );
}
```

3. 以下程序的功能是从键盘上输入若干个字符(以回车键作为结束)组成一个字符数组，然后输出该字符数组中的字符串，请填空。

```
#include<stdio.h>
main ( )
{
    char str[81],*p;
    int i;
    for (i=0;i<80;i++)
    {
        str[i]=getchar( );
        if (str[i]=='\n')  break;
    }
    str[i]= '\0';
    ____【3】_____;
    while(*p)  putchar(*p_______【4】_______);
}
```

4. 下面是一个实现把 t 指向的字符串复制到 s 的函数。

```
strcpy ( char  *s, char  *t )
{
   while ( (______【5】______ ) != '\0' );
}
```

5. 下面 count 函数的功能是统计子串 substr 在母串 str 中出现的次数。

```
count(char *str, char *substr)
{
   int i,j,k,num=0;
   for (i=0; ______【6】______ ; i++)
      for (______【7】______ , k=0 ; substr[k]==str[j]; k++, j++)
         if (substr[______【8】______]=='\0')
         {
            num++;
            break;
         }
   return(num);
}
```

三、程序阅读题

1. 运行如下程序并分析其结果。

```
#include <stdio.h>
main ( )
{
   void  fun ( char *s );
   static char str [ ]="123";
   fun ( str );
}
void  fun ( char *s )
{
   if (*s )
   {
      fun ( ++s );
      printf ( "%s\n", --s );
   }
}
```

2. 运行如下程序并分析其结果。

```
#include <stdio.h>
void  sub ( int *x, int y, int z )
{
   *x = y - z;
}
main ( )
{
   int a, b, c;
   sub ( &a, 10, 5 );
   sub ( &b, a, 7 );
   sub ( &c, a, b );
   printf ( "%d,%d,%d\n", a, b, c );
}
```

3. 阅读程序，试分析其运行结果。

```
# include <math.h>
 sun( int*p, int n, int k )
 {
   if ( k<=n )  sun( p, n, 2*k );
    *p+=k;
 }
void main( )
 { int x=0;   sun( &x,10,1 );
   printf("x=%d\n", x );
  }
```

4. 运行如下程序并分析其结果。

```
#include <stdio.h>
main ( )
{
    char *a[4]={"Tokyo","Osaka ","Sapporo " ,"Nagoya "};
    char *pt;
    pt=a;
    printf("%s",*(a+2));
}
```

四、编程题

1. 编写一个程序，输入 15 个整数存入一维数组，使用指针变量，再按逆序重新存放，并输出 15 个整数。

2. 编写一个程序用指针变量作函数参数，求字符串的长度，并输出。

3. 编写一个程序通过指向指针的指针输出 5 个字符串。

第9章 结构体

在前面的章节中，我们学习了C语言的基本数据类型（整型、实型和字符型3种数据类型），又学习了构造数据类型——数组，数组的特点是同一数组中的元素类型必须相同。

本章将学习3种新的构造数据类型：结构体、共用体和枚举类型。结构体是用来描述逻辑上相关的、数据类型不尽相同的数据集合。共用体的类型结构与结构体相似，但其所有成员共用同一起始地址的存储单元。枚举类型是逻辑上相关，用标识符表示的若干枚举常量的集合，使得程序中的数据描述更加直观、方便。

9.1 结构体类型

在现实生活中我们要用计算机处理的数据千变万化，它们常常不是互相独立的，而是集合成一个逻辑整体，数据之间存在着紧密的联系。当一组数据的各部分具有共同性质时，可以定义数组进行处理，但是在很多情况下，一组逻辑上相关的数据往往具有不同的数据类型。例如，图9.1所示的登记表中各数据项类型不同，无法用前面学过的任一种数据类型完全描述。为了解决这个问题，许多高级语言提供了一种数据机制，用于组织多个类型不同的数据对象。C语言将这种机制称为结构体（structure）。

9.1.1 结构体类型

结构体（structure）是由若干（可不同类型的）数据项组合而成的复合数据类型，其中的数据项称为结构体的成员。一个结构体中的每个成员都有一个名字，通过成员名可以实现对结构体成员的访问。

Name	department	address	zip	phone	email
Zhangsan	Computer	Hunan Changsha	400004	9318842115	zhang1@sohu.com

Grade	number	name	sex	maths	database	english
Computer1	30301	Zhangsan	M	89.50	69.80	92.00

图9.1 登记表

9.1.2 结构体类型定义

在C语言中，结构体类型是一种构造类型，也称为“用户自定义类型”，由若干“成员”组成。每一个成员可以是一个基本数据类型或者又是一个构造类型。结构体类型在说明和使用之前必须先定义。在一个结构体类型中，不同数据类型组合的数据互相有逻辑关系。例如，一个通讯录的结构体类型可以定义为：

```
struct addr
{
    char name[20];                  / *姓名*/
    char department[30];            / *部门* /
    char address[30];               / *住址* /
    int  zip;                       / *邮编* /
    int  phone;                     / *电话号码* /
    char email[30];                 / *电子邮箱* /
};
```

同样，一张成绩表的内容可以用另一个结构体类型来定义：

```
struct score
{
    char grade[20];
    long int  number;               / *学号* /
    char name[20];                  / *姓名* /
    char sex;                       / *性别* /
    float maths;                    / *数学成绩* /
    float database;                 / *数据库成绩* /
    float english;                  / *英语成绩* /
};
```

即：由 struct 关键字定义一个“结构体类型”，其中包含不同数据类型的成员；addr 或 score 是这个结构体数据类型的名称；结构体类型定义本身为一条语句，以分号终止。

结构体类型定义了一种特殊的数据形式，它与 C 语言基本数据类型（如 int、char、float、long int 等）一样可以用来作为定义变量的类型。

定义一个结构体类型的一般形式为：

```
struct 结构名
{
    类型　成员名 1;
    类型　成员名 2;
    ……
};
```

花括号内是该结构体类型中的各个成员，每一个成员也可以称为一个域。成员的命名规则与 C 语言标准变量命名规则相同。

在定义了一个结构体类型后，还需要对相应的变量进行定义，定义一个结构变量的方法有 3 种方式。

（1）先定义结构体类型再定义变量名。

对于前面定义的结构体类型 struct score，下面的语句定义了 2 个结构变量：

```
struct score stu1,stu2;
```

结构变量 stu1 与 stu2 均为 struct score 结构变量，即它们具有 struct score 定义的结构，如

图 9.2 所示。

	grade	number	name	sex	maths	database	english
stu1	Computer1	30301	ZhangSan	M	87.50	67.80	91.00
stu2	Computer1	30302	ChengHua	F	91.00	87.00	88.50

图 9.2　stu1 和 stu2 结构变量

若在程序开头预定义一个符号常量来代表一个结构体类型，即：

```
#define STUDENT struct score
```

这时的结构体类型定义可改写为：

```
STUDENT
{
    char grade[20];
    long int number;
    char name[20];
    char sex;
    float maths;
    float database;
    float english;
};
```

然后可以直接用 STUDENT 定义结构变量。如

```
STUDENT stu1,stu2;
```

（2）在定义类型的同时定义变量。

这是一种双重定义：

```
struct score
{
    char grade[20];
    long int number;
    char name[20];
    char sex;
    float maths;
    float database;
    float english;
}stu1,stu2;
```

这种定义形式同时定义一个结构体类型（struct score）及两个结构变量 stu1、stu2。这种形式的定义一般形式为：

```
struct 结构名
{
    类型    成员名 1;
    类型    成员名 2;
    ……
}结构变量名表;
```

（3）直接定义结构体类型变量。

若仅需要结构变量，则定义时可以不出现结构名。其一般形式为：

```
struct
{
    类型    成员名 1;
    类型    成员名 2;
    ……
}结构变量名表;
```

关于结构体类型，有以下几点说明。

（1）结构体类型与结构变量的概念不同。

① 对结构变量来说，一般先定义一个结构体类型，然后定义变量为该类型。

② 只能对结构变量赋值、存取或运算，不能对一个结构体类型赋值、存取或运算。

③ 在编译时，不对结构体类型分配空间，只对结构变量分配空间。C 编译器将自动地分配适当的内存区域给结构变量的各个成员。

（2）成员名可以与程序中的变量同名，但两者不代表同一对象。

（3）结构体作为一种数据类型，定义的结构变量或结构指针变量同样有局部变量和全局变量，视其定义的位置而定。结构体变量名不是指向该结构的地址，与数组名的含义不同，结构体变量第一个成员的首地址应该是&[结构变量名]。

9.1.3 结构体变量引用规则

（1）成员的访问。

对结构体变量中各个成员的访问，用操作符“.”表示，其格式为：

```
结构体变量名.成员名
```

操作符“.”称为成员访问运算符，具有最高优先级。C 语言允许直接赋值给一个结构体变量成员，而不能将一个结构体变量作为一个整体进行输入和输出。例如，若系统已经进行了如图 9.2 所示的定义，则将 20301 赋给其结构体变量 stu1 中的 number 成员的正确语句是：

```
stu1. number=20301;
```

而以下语句是错误的：

```
scanf("%s,%ld,%s,%c,%f,%f, %f ",&stu1);
printf("%s,%d,%s,%c,%f,%f, %f \n",stu2);
```

（2）对结构体变量的成员可以像普通变量一样进行各种运算。

下列运算是正确的：

```
stu1.number++;
++stu2.number;
```

（3）可以引用成员的地址，也可以引用结构体变量的地址。

如对于图 9.2 所示的结构体类型：

```
scanf("%ld",&stu1.number);      /*键盘输入 stu1.number 的值*/
printf("%ld",stu1.number);      /*输出 stu1. number 的值*/
```

9.1.4 结构体变量的初始化

可以在定义结构体变量的同时，对结构体变量中的各个成员进行初始化。初始化时注意数据类型的一致性。

例 9.1 在定义结构体类型的同时进行结构体变量的定义及初始化。

```
#include <stdio.h>
struct addr
{
    char name[20];
    char department[30];
    char address[30];
    long int zip;
    long int phone;
    char email[30];
}a={"Liu Lin","Maths","19 BeiHuang Road",100008,856432,"LL19@sohu.com"};
void main()
{
    printf("name:%s\ndepartment:%s\naddress:%s\n",a.name,a.department,a.address);
    printf("zip:%ld\nphone:%ld\nemail:%s\n", a.zip,a.phone,a.email);
}
```

运行结果为：

```
name: Liu Lin
department: Maths
address: 19 BeiHuang Road
zip:100008
phone: 856432
email: LL19@sohu.com
```

例 9.2 先定义结构体类型，再进行结构体变量的定义及初始化。

```
#include <stdio.h>
void main( )
{
    struct addr
    {
        char name[20];
        char depart[30];
        char address[30];
        long int zip;
        long int phone;
        char email[30];
    };
    struct  addr  a={"Liu  Lin","Maths","19  BeiHuang  Road",10008,856432,"LL19@sohu.
com"};
    printf("name:%s\ndepartment:%s\naddress:%s\n",a.name,a.depart,a.address);
    printf("zip:%ld\nphone:%ld\nemail:%s\n", a.zip,a.phone,a.email);
}
```

运行结果为：

```
name: Liu Lin
department: Maths
address: 19 BeiHuang Road
zip:10008
phone: 856432
email: LL19@sohu.com
```

9.2 结构体数组

一个结构体变量只能存放表格中的一条记录（如一个学生的学号、姓名和成绩等数据）。要存放多条记录，最好的方法就是用结构体数组（或称结构数组）来描述。结构体数组的特点在于它的每个数组元素都是结构体类型，它们都分别包括各个成员。

9.2.1 结构体数组的定义

与定义结构体变量的方法相似，结构体数组的定义需说明其为数组。例如，定义一个能保存 35 个同学的通讯录结构体数组，格式为：

```
struct addr
{
   char name[20];
   char depart[30];
   char address[30];
   long int zip;
   long int phone;
   char email[30];
};
struct addr stu[35];
```

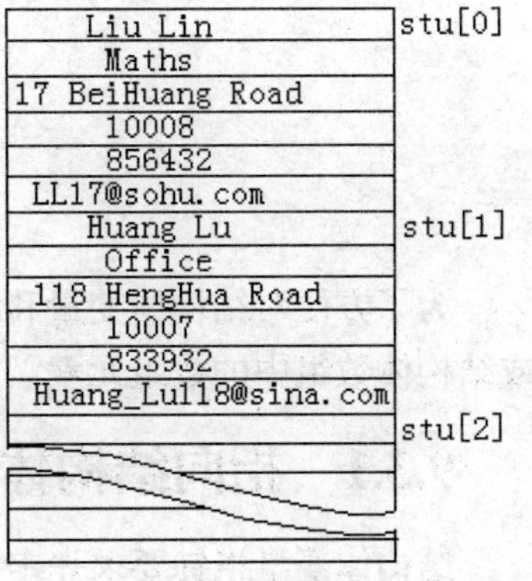

图 9.3 结构体数组

以上定义了一个有 35 个数据元素的结构体数组 stu，每个数组元素为 struct addr 类型。数组元素在内存中连续存放，如图 9.3 所示。也可以直接定义一个结构体数组，例如：

```
struct addr
{
   char name[20];
   …
}stu[35];
```

或者写成：

```
struct
{
   char name[20];
   …
}stu[35];
```

9.2.2 结构体数组的初始化

结构体数组的初始化可以用类似于结构体变量初始化的方法。每个数组元素的值要用花括号“{}”括起来，各数组元素之间以“,”分隔符隔开。一般形式为：

```
struct 结构体名 数组名[数组元素个数]={初值表列};
```

例如：

```
struct addr
{
```

```
    char name[20];                    /*最大长度为 20 个字节*/
    char depart[30];
    char address[30];
    long int zip;
    long int phone;
    char email[30];
}stu[3]={{"Liu Lin","Maths","19 BeiHuang Road",100008,856432,"LL19@sohu.com"},
       {"Huang Lu ","Office","118 HengHuanRoad",100090,833932,
       "Huang_Lu118@sina.com"},{"Wang Min","Design","1010 Zhongshan Road",
       400030,694322, "WangM18@sina.com"}};
```

在定义结构体数组 stu[ ]时，数组元素的个数可以不指定，即写成以下形式：

```
struct addr
{
    int num;
    …
};
struct addr stu[]={{...},{...},{...}};
```

编译时，系统根据给出初值的结构体常量个数来确定数组元素的个数。

9.3 结构体指针

为了方便对结构体变量和结构体数组的操作，可以用一个结构体指针来指向一个结构体变量或结构体数组中的数组元素。

9.3.1 指向结构体变量的指针

结构体变量指针要求先定义，后使用。基本步骤如下：

（1）首先让我们定义结构体：

```
struct 结构体名
{
    …
} 结构体变量表;
```

（2）然后用下面的语句来定义指向结构体类型变量的指针变量：

```
    struct 结构体名 *p;
```

也可将所定义的指针变量 p 指向结构体类型变量（注意，它只能指向一个结构体类型变量，而不能指向结构体类型变量的某一成员），如：

```
p=&结构体变量;
```

（3）引用形式如下：

```
    指针变量->成员;
```

其中运算符“->”称为指向运算符，由一个减号“-”和一个大于号“>”组成。表 9.1 是与指向运算符相关的几种运算。

表 9.1 与指向运算符相关的运算

表达式	运算结果
p->n	得到 p 指向的结构体变量中的成员 n 的值
p->n++	得到 p 指向的结构体变量中的成员 n 的值，用完该值后使它加 1
++p->n	得到 p 指向的结构体变量中的成员 n 的值使之加 1（先加）

下面用简单例子来说明指向结构体变量的指针变量的应用，指针指向的示意图如图 9.4 所示。在这段程序中，两个 printf 函数使用 p->num 的形式来输出 stu1 各成员的值。

例 9.3 输出一个同学的通讯录。

图 9.4 指针指向示意图

```
#include <stdio.h>
#include <string.h>
void main()
{
    struct addr  /*定义结构体类型*/
    {
        char name[20];
        char depart[30];
        char address[30];
        long int zip;
        long int phone;
        char email[30];
    };
    struct addr stu1;                        /*定义结构体变量 stu1*/
    struct addr *p;                          /*定义指针变量*p */
    p=&stu1;                                 /*指针指向 stu1 的首地址*/
    strcpy(stu1.name,"Liu Lin");             /*单独给字符型成员赋值*/
    strcpy(stu1.depart,"Maths");
    strcpy(stu1.address,"19 BeiHuang Road");
    stu1.zip=10008;
    stu1.phone=856432;
    strcpy(stu1.email,"LL19@sohu.com");
    printf("name:%s\ndepartment:%s\naddress:%s\n",p->name,p->depart,p->address);
    printf("zip:%ld\nphone:%ld\nemail:%s\n",p->zip,p->phone,p->email);
}
```

程序运行结果如下：

```
name: Liu Lin
department: Maths
address: 19 BeiHuang Road
zip: 10008
phone: 856432
email: LL19@sohu.com
```

在 C 语言中，当用一个指针变量 p 指向某个结构体变量后，则以下 3 种结构体成员的引用是等价的：

① 结构体变量.成员名；

② p->成员名；

③ (*p).成员名。

9.3.2 指向结构体数组的指针

可以用指针或指针变量来指向结构体数组及其元素，其定义和使用原则与指向结构体变量的指针相同。

例 9.4 编写程序，要求采用结构体类型的数据指针来连续输出通讯录中的 3 条记录。

解题思路：利用指针访问结构体数组，先使 p 指向数组 stu 的起始地址，如图 9.5 所示。在第一次循环中输出 stu[0]的各个成员值，然后执行 p++，使 p 指向 stu[1]的起始地址；在第二次循环中输出 stu[1]的各成员值……直到 p 不小于 stu+3 时，循环结束。

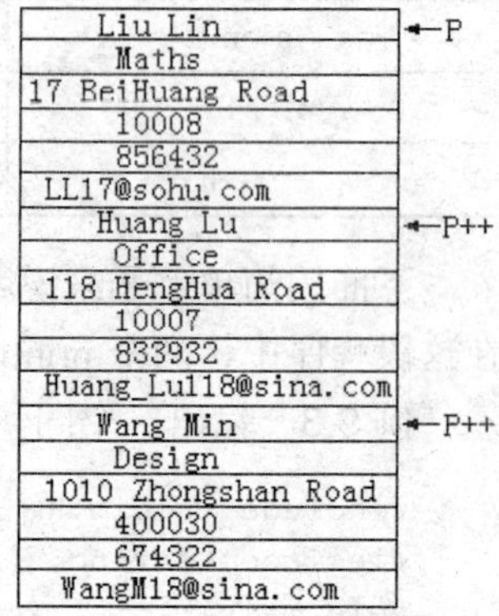

图 9.5 例 9.4 的结构类型指针

```
#include <stdio.h>
#include <string.h>
struct addr
{
    char name[20];
    char depart[30];
    char address[30];
    long int zip;
    long int phone;
    char email[30];
}stu[3]={{"Liu Lin","Maths","19 BeiHuang Road",100008,856432, "LL19@sohu.com"},
{"Huang Lu ","Office","118 HengHuan Road",100090,833932, "HuangLu@ ina.com"},
{"Wang Min", "Design", "1010 Zhongshan Road",400030,694322, "Wang @ sina.com"}};
void main()
{
    struct addr *p;  /* 定义结构体类型数据的指针变量*/
    printf(" Name   department   address       zip    phone    email \n");
    for(p=stu;p<stu+3;p++)  /*先使指向数组 stu 的起始地址*/
       printf("%s   %5s   %5s %ld %ld %s\n",p->name,p->depart,p->address,
       p->zip,p->phone,p->email);
}
```

运行结果：

```
Name   department    address        zip      phone     email
Liu Lin    Maths    19 BeiHuang Road  100008  856432  LL19@sohu.com
Huang Lu  Office   118 HengHuan Road  100090 833932  HuangLu@sina.com
Wang Min  Design   1010 Zhongshan Road 400030 694322  Wang@sina.com
```

注意

要特别注意运算 (++p)->name 和(p++)->name 的区别如下。

（1）(++p)->name　是先使 p 自加 1，然后得到它指向的元素中的 name 成员值。

（2）(p++)->name　是先得到 p->name 的值，然后使 p 自加 1，指向 stu[1]。

9.3.3 用指向结构体的指针作函数参数

当需要将一个结构体变量的值传给另一个函数时，可以有以下 3 种方法。

（1）用结构体变量的成员作参数，例如，用 stu[2].name 作函数实参，将实参值传给形参。

（2）用结构体变量作为参数，需要将全部成员值一个一个传递，既费时间又费空间，开销大，程序运行效率低。

（3）用结构体指针作参数，将结构体变量（或数组）的地址传给形参，能提高程序运行效率，是比较常用的方法。

例 9.5　有一个结构体变量 stu，内含学生学号、姓名和三门课的成绩。要求编一个程序，在 main 函数中赋值，在另一函数 print 中将它们输出。

解题思路：先将 struct student 定义为外部类型，以允许同一源文件中的各个函数都可以用它来定义变量的类型（main 函数中的结构体变量 stu 及 print 函数中的 struct student 类型数据的指针变量*p）。在调用函数时，用&stu（结构体变量 stu 的地址）作实参，将该地址传送给形参 p（p 是指针变量），让 p 指向 stu。

```
#include <stdio.h>
#include <string.h>
#define format  "%d\n%s\n%6.2f\n%6.2f\n%6.2f\n"
struct student /*定义一个结构体类型*/
{
   int num;
   char name[20];
   float score[3];
};
void print(struct student *p;)              /*print 函数用于输出结构体变量中的各成员的值*/
{
   printf(format,p->num,p->name,p->score[0],p->score[1],p->score[2]);
   printf("\n");
}
void main()
{
   struct student stu;      /*定义结构体类型变量 stu*/
   stu.num=23;              /*给变量 stu 的各成员赋值*/
   strcpy(stu.name,"Li Ming");
   stu.score[0]=95.5;
   stu.score[1]=91;
   stu.score[2]=96.5;
   print(&stu);             /*以结构体变量 stu 的指针作为实参传给 print 函数*/
}
```

运行结果为：

```
23
Li Ming
95.50
91.00
96.50
```

注意：当用整个结构体作为函数参数传递时，必须保证实参与形参的类型相同。

9.3.4*　嵌套结构体

在 C 语言中，结构体变量的成员也可以是一个结构体类型，即允许定义“嵌套”的结构体类型。例如，在下面的程序中先定义了一个 struct subject 结构体类型，它代表“科目”，包括 3 个成员：maths、database 和 english。然后在定义 struct score 类型时，其成员 course 的类型定义为 struct subject 类型。于是 struct score 的结构体类型就成了图 9.6 所示的结构体类型。

grade	number	name	sex	course		
				maths	database	english

图 9.6 struct score 的结构体类型

```
struct subject
{
    float maths;
    float database;
    float english;
};
struct score
{
    char grade[20];
    long int number;
    char name[20];
    char sex;
    struct subject course;
}stu1,stu2;
```

由于成员本身又属一个结构体类型，在访问成员时，则要用若干个成员运算符，需要逐级找到最低一级的成员。系统只能对最低的成员进行赋值或存储以及运算。例如，对上面定义的 struct score 结构体变量 stu1，可以这样访问各成员：

```
stu1.name
stu1.course.maths
stu1.course.database
stu1.course.English
```

9.4* 链 表

链表是一种物理存储单元上非连续、非顺序的链式存储结构，通过链表中的指针链接次序体现链表中数据元素的逻辑顺序。它是一种动态存储分配结构体。相比于线性表的顺序存储结构，链表比较方便插入和删除操作。

9.4.1 链表概述

图 9.7 表示一种单向链表结构。图中 head 是一个“头指针”变量，它存放一个地址，该地址指向单向链表的第一个结构体元素。链表中的结构体元素称为结点，结点在程序运行时动态生成。每个结点包括两个部分：一个是存储数据元素的数据域，另一个是存储下一个结点地址的指针域。head 指向第一个元素，第一个元素又指向第二个元素……直到最后一个元素，该元素不再指向其他元素，它称为“表尾”，它的地址部分放一个“NULL”(表示“空指针”)。链表到此结束。

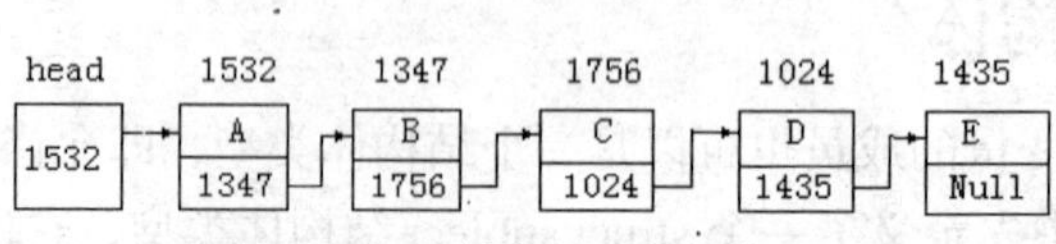

图 9.7 单向链表结构体

链表结点的数据类型是一种自引用结构体类型，例如：

```
struct stu
{
    int num;
    char name[20];
    float score;
    struct stu *next;
};
```

其中 next 是指针类型的成员名，它指向 struct stu 类型的数据，如图 9.8 所示，该链表中每一个结点都属于 struct stu 类型，其成员 next 存放下一结点的地址。

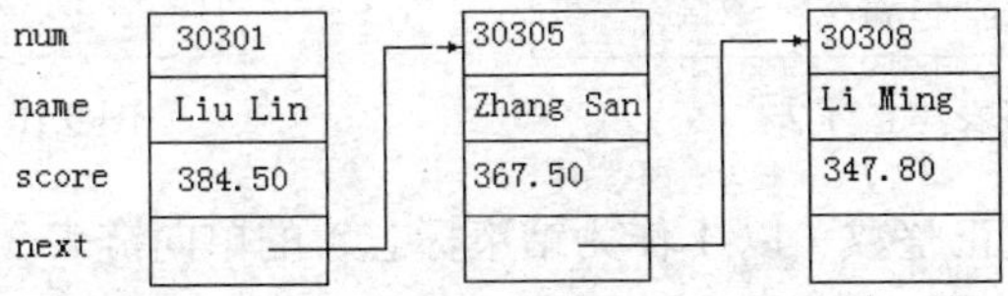

图 9.8　自引用结构体类型的链表结构

9.4.2　建立与输出链表

在定义结构体类型时，系统并未实际分配存储空间。为能让链表在需要时动态地开辟和释放一个结点的存储单元，C 语言编译系统的库函数提供以下相关函数。

void* malloc(unsigned size) 在内存的动态存储区中分配一长度为 size 的连续空间。分配空间成功，则返回值是一个空类型（void）指针，指向该分配域的起始地址；否则返回值为 NULL。

void* calloc(unsigned n,unsigned size) 在内存的动态区存储中分配 n 个长度为 size 的连续空间。分配空间成功，则返回值是一个空类型（void）指针，指向该分配域的起始地址；否则返回值为 NULL。

void free(void *p) 释放由 p 指向的内存区。

1. 链表的建立

链表建立的程序流程图如图 9.9 所示，有以下几步。

① 定义链表数据结构体。

② 创建一个空表 head=NULL。

③ 输入数据有效，重复以下操作。

- 利用 malloc( )函数向系统申请分配一个节点 p1，并初始化 p1 的数据项和指针项。
- 若是空表，将新节点连接到表头；若是非空表，将新节点接到表尾。

注意　链表的头指针是非常重要的参数，因为对链表的输出和查找都要从链表的头开始，所以链表创建成功后，要返回一个链表头节点的地址，即头指针。

---

2. 链表的输出

首先找到链表头 head，只有是非空链表才将节点的值输出，若是空表则立即退出输出过程；若是非空链表，则通过指针的不断向后移动逐个输出链表中各个节点的值，直到链表尾。算法流程图如图 9.10 所示，即：

① 找到表头 p=head。

② 当链表非空 p!=NULL 时，重复以下操作。

- 输出节点 p 数据 p->num。

- 跟踪 p 下一节点 p=p->next。

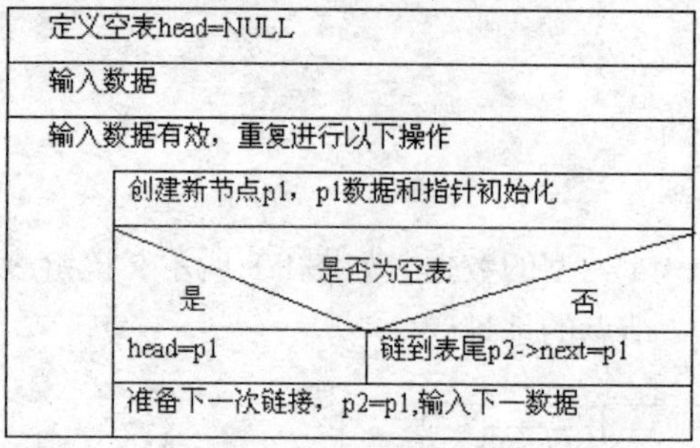

图 9.9　链表建立算法

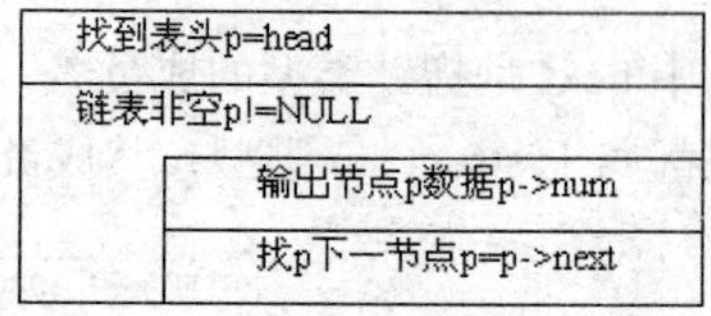

图 9.10　链表的输出算法

例 9.6　创建一个存放正整数（以-1 作为结束标志）的单向链表，并打印输出。

解题思路：如图 9.9 和图 9.10 所示。

```
#include <stdlib.h>                /* 包含 malloc( )的头文件*/
#include <stdio.h>
struct node                        /*链表节点的结构体*/
{
    int num;
    struct node *next;
} ;
main()
{
    struct node *creat();          /*函数声明*/
    void print();
    struct node *head;             /* 定义头指针 */
    head=NULL;                     /* 建一个空表 */
    head=creat(head);              /* 创建单链表 */
    print(head);                   /* 打印单链表 */
}
/ * * * * * * * * * * * * * * * * * * * * * * * * * * * * * * * * * * * * * * * /
struct node *creat(struct node *head)          /* 函数返回的是与节点相同类型的指针*/
{
    int n;
    struct node *p1=NULL, *p2=NULL;            /*定义两个指针*/
    printf("\n Please input a integer(>0), if input -1 then exit:\n");
    scanf("%d",&n);                            /* 从键盘输入节点的值*/
    while(n>0)                                 /* 输入节点的数值大于 0 */
    {
        p1=(struct node*) malloc(sizeof(struct node)); /* p1 指向申请的新节点 */
        p1->num=n;
        p1->next=NULL;                         /* 将新节点的指针置为空*/
        if (head==NULL)
            head=p1;                           /* 空表，接入表头 */
        else
            p2->next=p1;                       /*  非空表，接到表尾 */
        p2=p1;
        scanf("%d",&n);                        /* 输入节点的值 */
```

```
    }
    return head;                          /*返回链表的头指针*/
}
/* * * * * * * * * * * * * * * * * * * * * * * * * * * * * * * * * * * * * * */
void print(struct node *head)             /* 输出以 head 为头的链表各节点的值* /
{
    struct node *temp;
    temp=head;                            /* 取得链表的头指针 */
    while (temp!=NULL)                    /* 只要是非空表 */
    {
        printf("%6d",temp->num );         /* 输出链表节点的值 */
        temp=temp->next;                  /* 跟踪链表增长 */
    }
}
```

运行结果：

```
Please input a integer(>0), if input -1 then exit:
1 2 3 4 5 6 7 8 9-1↙
1 2 3 4 5 6 7 8 9
```

9.4.3　链表的删除与插入操作

从链表中删除一个节点有 3 种情况：删除链表头节点，删除链表中间的某一节点和删除链表的尾节点，如图 9.11 所示。由于删除的节点可能是链表的头，会对链表的头指针进行修改，所以删除节点函数的返回值定义为返回结构体类型的指针（用于返回头指针）。

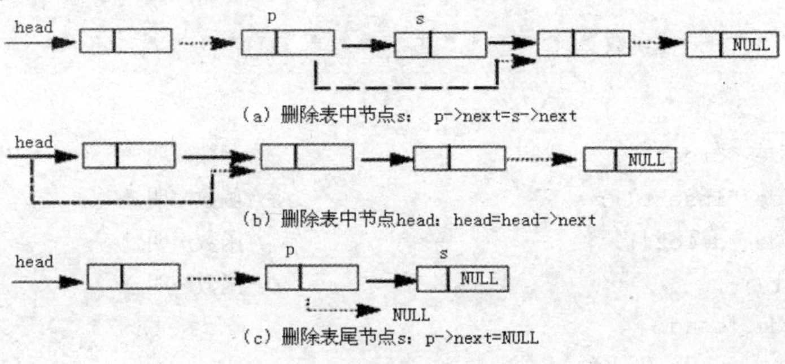

图 9.11　删除带点的 3 种情况

将一个节点插入到一个已有的链表中也有 3 种情况，如图 9.12 所示。插入的节点可以在表头、表中或表尾。

在插入时，插入的节点依次与已顺序建立的链表中节点相比较，找到插入位置。若插入节点在链表的头部，则要对链表的头指针进行修改，所以定义插入节点函数的返回值为结构体类型指针（用于返回头指针）。

例 9.7　创建包含学号、姓名节点的单链表。其节点数不限，表以学号为序，低学号的在前，高学号的在后，以输入姓名为空作结束。在此链表中，要求删除一个给定姓名的节点，并插入一个给定学号和姓名的节点。

解题思路：链表定义与输出函数可以参见前例。对于插入函数，利用 malloc( )函数向系统申请分配一个节点存放输入的姓名和学号，并让新的学号与各节点的学号比较，以确定插入的节点位于表头、表中或表尾。对于删除函数，应根据指定的学生姓名，在链表中从头到尾依此查找各节点，并与各节点的学生姓名比较，若查找成功（相同）则修改指针并释放内存空间，否则提示找不到节点后退出。

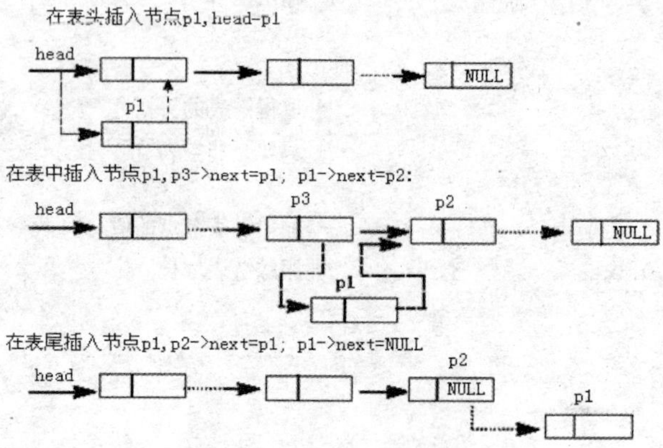

图 9.12　插入节点的三种情况

```
#include <stdlib.h>
#include <stdio.h>
#include <malloc.h>
struct node                                  /*节点的数据结构体*/
{
    int num;
    char str[20];
    struct node *next;
};
/* * * * * * * * * * * *主函数 * * * * * * * * * * * * * * * * * * */
main()
{
    struct node *creat();                    /*函数声明 */
    struct node *insert();                   /*函数声明 */
    struct node *delet();                    /*函数声明 */
    void print();                            /*函数声明 */
    struct node *head;
    char str[20];
    int n;
    head=NULL;                               /*做空表*/
    head=creat(head);                        /*调用函数创建以 head 为头的链表*/
    print(head);                             /*调用函数输出节点 */
    printf("\n input inserted num,name:\n");
    gets(str);                               /*输入学号*/
    n=atoi(str);
    gets(str);                               /*输入姓名*/
    head=insert(head,str,n);                 /*将节点插入链表*/
    print(head);                             /*调用函数输出节点*/
    printf("\n input deleted name:\n");
    gets(str);                               /*输入被删姓名*/
    head=delet(head,str);                    /*调用函数删除节点*/
```

```
    print(head);                                        /*调用函数输出节点*/
    return;
}
/* * * * * * * * * * * * * * 创建链表函数* * * * * * * * * * * * * * * * */
struct node *creat(struct node *head)
{
    char temp[30];
    struct node *p1, *p2;
    p1=p2=(struct node*)malloc(sizeof(struct node));
    printf("input num, name: \n") ;
    printf("exit:double times Enter!\n");
    gets(temp);
    gets(p1->str);
    p1->num=atoi(temp);
    p1->next=NULL;
    while (strlen(p1->str)>0)
    {
        if (head==NULL)
            head=p1;
        else
            p2->next=p1;
        p2=p1;
        p1=(struct node *)malloc(sizeof(struct node));
        printf ("input num, name: \n");
        printf("exit:double times Enter!\n");
        gets(temp);
        gets(p1->str);
        p1->num=atoi(temp);
        p1->next=NULL;
    }
    return head;
}
/* * * * * * * * * * * * * * * * * * * * *插入节点函数* * * * * * * * * * * * * * * * * * */
struct node *insert(head,pstr,n)                        /*插入学号为n、姓名为pstr的节点*/
struct node *head;                                      /*链表的头指针*/
char *pstr;
int n;
{
    struct node *p1, *p2, *p3;
    p1=(struct node*)malloc(sizeof(struct node));       /*分配一个新节点*/
    strcpy (p1->str,pstr);                              /*写入节点的姓名字串*/
    p1->num=n;                                          /*指向学号*/
    p2=head;
    if(head==NULL)                                      /*空表*/
    {
        head=p1;
        p1->next=NULL;                                  /*新节点插入表头*/
    }
    else
    {
        while (n>p2->num && p2->next!=NULL)             /*非空表*/
        {
```

```
            p3=p2;
            p2=p2->next;                                    /*跟踪链表增长*/
        }
        if (n<=p2->num)                                     /*找到插入位置*/
            if (head==p2)                                   /*插入位置在表头*/
            {
                head=p1;
                p1->next=p2 ;
            }
            else                                            /*插入位置在表中*/
            {
                p3->next=p1;
                p1->next=p2;
            }
        else                                                /*插入位置在表尾*/
        {
            p2->next=p1;
            p1->next=NULL;
        }
    }
    return(head);                                           /*返回链表的头指针*/
}
/* * *  * * * * * * * * * * * * * * 删除节点函数* * * * * * * * *  * * * * * * * * * * * /
struct node *delet(head,pstr)                               /*以 head 为头指针，删除 pstr 所在节点*/
struct node *head;
char *pstr;
{
    struct node *temp, *p;
    temp=head;                                              /*链表的头指针*/
    if(head==NULL)                                          /*链表为空 */
        printf("\nList is null!\n");
    else                                                    /*非空表*/
    {
        temp=head;
        while (strcmp(temp->str,pstr)!=0 && temp->next!=NULL)
        {       /* 若节点的字符串与输入字符串不同，并且未到链表尾*/
            p=temp;
            temp=temp->next;                                /*指针后移，即跟踪链表的增长*/
        }
        if (strcmp(temp->str,pstr)==0)                      /*找到字符串*/
        {
            if (temp==head)
            {
                head=head->next;                            /* 表头节点*/
                free(temp);                                 /*释放被删节点*/
            }
            else
            {
                p->next=temp->next;                         /*表中节点*/
                printf("delete string :%s\n",temp->str);
                free(temp);                                 /*释放被删节点*/
            }
```

```
        }
        else printf("\nno find string!\n");            /*没找到要删除的字符串*/
    }
    return(head);                                      /*返回表头指针*/
}
/* * * * * * * * * * * * * * * * * * * 链表输出函数* * * * * * * * * * * * * * * * * * */
void print (struct node *head)
{
    struct node *temp;
    temp=head;
    printf("\n output strings:\n");
    while (temp!=NULL)
    {
        printf("\n%d - - - - %s\n ",temp->num,temp->str);
        temp=temp->next;
    }
    return;
}
```

运行该程序时，节点输入（学号及姓名）采用单个输入并回车的方式，连续两次回车则退出节点输入；插入节点函数要求先输入学号，再输入姓名；删除节点函数则要求输入被删除节点对应的姓名。

链表是一种常用的数据存储结构，常用操作有遍历、删除、插入、查找等。以上所介绍的单向链表只是链表家族中的一个成员，链表这个大家庭中还有环形链表、双向链表等。

9.5　共　用　体

所谓共用体类型是指将不同类型的数据项组织成一个整体，它们在内存中共同占用同一段存储单元。例如，可把一个整型变量、一个字符型变量、一个实型变量放在同一个地址开始的内存单元中（见图 9.13）。也就是使用覆盖技术，将几个变量互相重叠，共用内存空间。

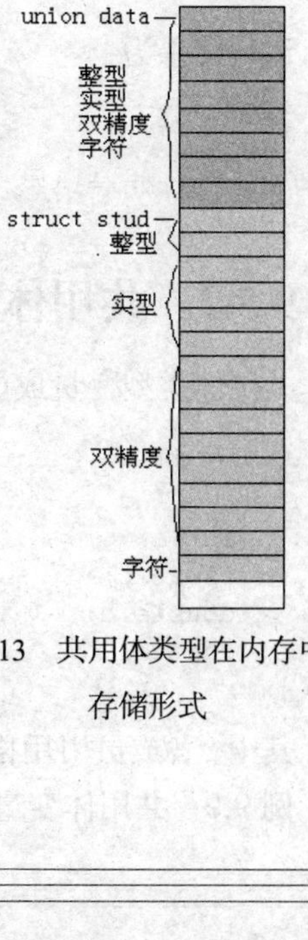

图 9.13　共用体类型在内存中的存储形式

9.5.1　共用体类型

共用体类型定义形式为：

```
union 共用体类型名
{
    成员表列;
}变量表列;
```

例如：下面语句先定义一个 union data 类型，再将 a、b、c 定义为 union data 类型变量。

```
union data
{
    short i;
    char ch;
    float f;
}a,b,c;
```

同结构体类型一样，共用体类型也可以允许将类型定义与变量定义分开：

```
union data
{
    short i;
    char ch;
    float f;
};
union data a,b,c;
```

也可以直接定义共用体变量，例如：

```
union
{
    short i;
    char ch;
    float f;
}a,b,c;
```

由此可见，共用体数据类型与结构体在形式上非常相似，但其表示的含义及存储是完全不同的：结构体变量所占内存长度大于或等于各成员所占的内存长度之和，每个成员分别占有其自己的内存单元。共用体变量所占的内存长度等于最长的成员的长度，其各数据成员共用低地址空间。例如，上面定义的共用体变量 a，b，c 共占 4 个字节（实型变量占 4 个字节），而不是共占 2+1+4=9 个字节。

例 9.8 一个利用共用体类型的实例。

```
void main()
{
   union int_char                /*共用体类型*/
   { int i;
     char ch[2];
   }x;
   x.i=24897;
   printf("i=%d\ni=%o\n",x.i,x.i);
   printf("ch0=%o,ch1=%o\nch0=%c,ch1=%c\n",x.ch[0],x.ch[1],x.ch[0],x.ch[1]);
}
```

运行结果为：

```
i=246978
i=60501
ch0=101,ch1=141
ch0=A,ch1=a
```

9.5.2 共用体变量的使用

共用体类型变量成员的引用方法与结构体类型完全相同。若定义共用体类型为：

```
union data                          /*共用体类型*/
{
    int a;
    float b;
    double c;
    char d;
}x ;
```

其中，各成员引用格式为：x.a, x.b, x.c, x.d。例子 9.9 说明了共用体类型变量的正确引用方法。

例 9.9 共用体变量成员的引用。

```
#include <stdio.h>
main()
{
    union data
    {
        int a;
        float b;
        double c;
        char d;
    } yy ;
    yy.a = 6 ;                                  /*引用一个成员 yy.a*/
    printf("%d\n",yy.a);
    yy.c = 69.2;                                /*引用另一个成员 yy.c*/
    printf("%5.1f\n", yy.c ) ;
    yy.d=' W';                                  /*引用两个成员 yy.d 和 yy.b*/
    yy.b=34.2;
    printf("%5.1f, %c\n", yy.b, yy.d) ;         /*会出现不可靠的输出*/
}
```

该程序最后一行的输出是不可靠的。原因是连续进行了 yy.d=' W' 和 yy.b=34.2 的赋值语句后，使共用体变量占据的 4 字节被写入成员 yy.b（34 .2），而之前写入的字符' W'被覆盖了。因此在引用共用体变量时应十分注意当前存放在共用体变量中的究竟是哪个成员的值。

9.6 枚举类型

如果一个变量只有几种可能的值，可以定义其为枚举类型。所谓“枚举”是指将变量的可能取值列举出来，变量的赋值只限于列举出来的那些值。

定义枚举类型用 enum 开头。其格式为：

```
enum 枚举类型名{枚举值表};
```

枚举值表中的值称为枚举元素或枚举常量，是用户定义的标识符。例如，定义一个枚举类型 enum weekday 可以是：

```
enum weekday {sun,mon,tue,wed,thu,fri,sat};
```

其中 sun、mon……sat 是枚举元素。然后可以用此类型来定义枚举类型的变量，如：

```
enum weekday  workday,week_end;
```

workday 和 week_end 被定义为枚举变量，其值只能是 sun～sat 之中的某个值。例如：

```
workday=mon;
week_end=sun;
```

是正确的。当然，也可以直接定义枚举变量，如：

```
enum {sun,mon,tue,wed,thu,fri,sat}workday,week_end;
```

枚举类型在使用中有以下规定。

（1）枚举元素是常量，不是变量，不能在程序中用赋值语句再对它赋值。例如，对枚举 weekday 的元素作以下赋值：sun=5; mon=2; sun=mon; 都是错误的。

（2）枚举元素本身由系统定义了一个表示序号的数值，从 0 开始顺序定义为 0，1，2……如在 weekday 中，sun 值为 0，mon 值为 1……sat 值为 6。

（3）只能把枚举元素赋予枚举变量，不能把元素的数值直接赋予枚举变量。例如，a=sum; b=mon;是正确的，而 a=0;b=1;是错误的。如一定要把数值赋予枚举变量，则必须用强制类型转换，例如，语句 a=(enum weekday)2;的意义是将顺序号为 2 的枚举元素赋予枚举变量 a，相当于 a=tue;语句，这个顺序号甚至还可以用表达式，如等价语句为 a=(enum weekday)(5-3);。还应该说明的是：枚举元素不是字符常量也不是字符串常量，使用时不要加单、双引号。请仔细分析程序例 9.10。

例 9.10　枚举类型应用。

```
#include <stdio.h>
void main()
{
    enum season {spring=1,summer,autumn,winter };
    enum season myseason;
    printf("please input the code of season:");
    scanf("%d",&myseason);
    switch(myseason)
        {
            case spring: printf("It's spring!\n"); break;
            case summer: printf("It's summer! \n"); break;
            case autumn: printf("It's autumn! \n"); break;
            case winter: printf("It's winter! \n"); break;
            default: printf("the code is wrong!\n");
        }
    }
```

运行结果：

```
please input the code of season:1↙
It's spring!
```

（4）可以改变枚举元素的值，在定义时由程序员指定，例如：

```
enum weekday {sun=9,mon=1,tue,wed,thu,fri, sat}  workday,week_end;
```

定义了 sun 为 9，mon 为 1，以后顺序加 1，sat 为 6。

（5）枚举值可以用来作判断比较，例如：

```
if(wordday==mon)...
if(workday>sun)...
```

枚举值的比较规则是：按其在定义的顺序号比较。如果定义时没有人为指定，则第一个枚举元素的值认作 0。故 mon 大于 sun，而 sat 大于 fri。

9.7*　综合与提高

在很多系统接口程序中常要求在位（bit）一级进行运算或处理。C 语言提供了位运算的功能，这使得 C 语言也能像汇编语言一样用来编写程序。

9.7.1　位运算符与位运算

C 语言提供了 6 种基本位运算符和 5 种由位运算符与赋值符组成的复合赋值符，如表 9.2 和

表 9.3 所示。

表 9.2　　基本位运算符

位运算符	功能	位运算符	功能
&（按位与）	两数各对应的二进位相与	|（按位或）	两数各对应的二进位相或
^（按位异或）	两数各对应的二进位相异或	~（取反）	数的各二进位按位求反
<<（左移）	数的各位全部左移若干位	>>（右移）	数的各位全部右移若干位

表 9.3　　复合赋值运算符

组合算符	功能	组合算符	功能
&=	先按位与，后赋给算符左变量	|=	先按位或，后赋给算符左变量
^=	按位异或，后赋给算符左变量	>>=	先右移，后赋给算符左变量
<<=	先左移，后赋给算符左变量		

1．按位与运算

按位与运算符“&”是双目运算符。其功能是参与运算的两数各对应的二进位相与。只有对应的两个二进位均为 1 时，结果位才为 1，否则为 0。参与运算的数以补码方式出现。例如，9&5 的二进制算式为：00001001&00000101，其结果为 00000001，即 9&5=1。

2．按位或运算

按位或运算符“|”是双目运算符。其功能是参加运算的两数各对应的二进位相或。只要对应的二个二进位有一个为 1 时，结果位就为 1。参与运算的两个数均以补码出现。

3．按位异或运算

按位异或运算符“^”是双目运算符。其功能是参与运算的两数各对应的二进位相异或，当两对应的二进位相异时，结果为 1，否则为 0。参与运算的两个数以补码出现。

4．求反运算

求反运算符“~”为单目运算符，具有右结合性。其功能是对参与运算的数的各二进位按位求反。

5．左移运算

左移运算符“<<”是双目运算符。其功能把“<<”左边的运算数的各二进位全部左移若干位，由“<<”右边的数指定移动的位数。高位丢弃，低位补 0。

6．右移运算

右移运算符“>>”是双目运算符。其功能是把“>> ”左边的运算数的各二进位全部右移若干位，“>>”右边的数指定移动的位数。符号位将随同移动，当为正数时，最高位补 0。而为负数时，符号位为 1，最高位是补 0 或是补 1 取决于编译系统的规定，Turbo C 和很多系统规定为补 1。

例 9.11　位运算符与位运算举例。

```
#include <stdio.h>
main( )
{
    int a=9,b=5,c,d,e,f,g,h,p,r;
    char q='a',w='b';
    c=a&b;
    d=a|b;
    e=a^15;
```

```
    f=~9;
    g=f<<4;
    h=b>>2;
    p=q;
    p=(p<<8)|w;
    r=(p&0xff00)>>8;
    printf("a=%d,b=%d,c=%d,d=%d,e=%d,f=%d\n",a,b,c,d,e,f);
    printf("g=%d,h=%d,p=%d,r=%d\n",g,h,p,r);
}
```

运行结果为：

```
a=9, b=5, c=1, d=13, e=6, f= -10
g=-160, h=1, p=24930, r=99
```

9.7.2 定义类型

除了可以直接使用 C 提供的标准类型（如 int、char、float、double、long 等）和前面介绍的结构体类型、共用体类型、指针、枚举类型外，C 语言允许由用户自己定义类型说明符，也就是说允许用户为数据类型取“别名”。这一功能要求可以使用类型定义符 typedef 来完成。

typedef 定义的一般形式为：

```
typedef 原类型名 新类型名;
```

其中原类型名中含有定义部分，新类型名一般用大写表示，以便于区别。

用 typedef 定义数组、指针、结构体等类型将会带来很大的方便，不仅使程序书写简单，而且使意义更为明确，因而增强了程序的可读性。

例如语句：

```
typedef struct
{
    int month;
    int day;
    int year;
}DATE;
```

定义了一个新类型名 DATE，它代表所定义的一个结构体类型。这时就可以用 DATE 定义变量：

```
DATE birthday;          /*birthday 是结构体变量，注意不要写成 struct DATE birthday; */
DATE *p;                /*p 为指向此结构体类型数据的指针*/
```

类型定义符 typedef 的几点说明如下。

（1）用 typedef 可以定义各种类型名，但不能用来定义变量。

（2）用 typedef 只是对已经存在的类型增加一个类型名，而没有创造新的类型。

（3）typedef 与#define 有相似之处，如：typedef int COUNT;和#define COUNT int 的作用都是用 COUNT 代表 int。但事实上，它们两者是不同的。#define 是在预编译时处理的，它只能作简单的字符串替换，而 typedef 是在编译时处理的，采用了如同定义变量的方法那样来定义一个类型。当用 typedef 定义一些数据类型（尤其是像数组、指针、结构体、共用体类型等类型数据）时，可把它们单独放在一个文件中，然后在需要用到它们的文件中用#include 命令把它们包含进来。

习　题

一、选择题

1. 下面正确的叙述是（　　）。

   A. 结构体一经定义，系统就给它分配了所需的内存单元

   B. 结构体变量和共用体变量所占内存长度是各成员所占内存长度之和

   C. 可以对结构体类型和结构体类型变量赋值、存取和运算

   D. 定义共用体变量后，不能引用共用体变量，只能引用共用体变量中的成员

2. 结构体类型变量在程序执行期间（　　）。

   A. 所有成员驻留在内存中　　B. 只有一个成员驻留在内存中

   C. 部分成员驻留在内存中　　D. 没有成员驻留在内存中

3. 设有以下定义

```
struct date
{
   int cat;
   char c;
   int a[4];
   long m;
}mydate;
```

则在 Turbo C 中执行语句：printf("%d", sizeof(struct date));的结果是（　　）。

   A. 25　　B. 15　　C. 18　　D. 8

4. 在说明一个共用体变量时系统分配给它的存储空间是（　　）。

   A. 该共用体中第一个成员所需的存储空间

   B. 该共用体中最后一个成员所需的存储空间

   C. 该共用体中占用最大存储空间的成员所需的存储空间

   D. 该共用体中所有成员所需存储空间的总和

5. 共用体类型变量在程序执行期间的某一时刻（　　）。

   A. 所有成员驻留在内存中　　B. 只有一个成员驻留在内存中

   C. 部分成员驻留在内存中　　D. 没有成员驻留在内存中

6. 对于下面有关结构体的定义或引用，正确的是（　　）。

```
struct student
{
   int  no;
   int  score;
}student1;
```

   A. student.score=99;

   B. student LiMing; LiMing.score=99;

   C. stuct LiMing; LiMing.score=99;

   D. stuct student LiMing; LiMing.score=99;

7. 以下说法错误的是（　　）。

A. 结构体变量的名称为该结构体变量的存储首地址

B. 在 Turbo C 中，结构体变量占用空间的大小为各成员项占用空间大小之和，而共用体占用空间大小为其成员项中占用空间最大的成员项所需存储空间大小

C. 结构体定义时不分配存储空间，只有在结构体变量说明时，系统才分配存储空间

D. 结构体数组中不同元素的同名成员项具有相同的数据类型

8. 若有以下说明和语句：

```
struct teacher
{
   int no;
   char *name;
}xiang, *p=&xiang;
```

则以下引用方式不正确的是（　　）。

A. xiang.no　　B. (*p).no　　C. p->no　　D. xiang->no

二、填空题

1. 以下程序段的作用是统计链表中节点的个数，其中 first 为指向第 1 个节点的指针。

```
struct node
{
   char data;
   struct node *next;
} *p, *first;
...
int c=0;
p=first;
while(____【1】____)
{
   ____【2】____;
   p=____【3】____;
}
```

2. 以下程序中使用一个结构体变量表示一个复数，然后进行复数加法和乘法运算。

```
#include <stdio.h>
struct complex_number
{
   float real, virtual;
};
main ( )
{
   struct complex_number a,b,sum,mul;
   printf("输入a.real、a.virtual、b.real和b.virtual: ");
   scanf("%f%f%f%f",&a.real,&a.virtual,&b.real,&b.virtual);
   sum.real=________【4】________;
   sum.virtual=________【5】________;
   mul.real=________【6】________;
   mul.virtual=________【7】________;
   printf("sum.real=%f,sum.virtual=%f\n", sum.real, sum.virtual);
   printf("mul.real=%f, mul.virtual=%f\n", mul.real, mul.virtual);
}
```

3. 以下程序用于在结构体数组中查找分数最高和最低的同学姓名和成绩。请在程序中的空白处填入一条语句或一个表达式。

```
#include<stdio.h>
main ( )
{
   int max,min,i;
   static struct
   {
      char name[10];
      int score;
   }stud[6]={"李明",99,"张三",88,"吴大",90,"钟六",80,"向杰",92,"齐伟",98};
   max=min=1;
   for (i=0;i<6;i++)
      if(stud[i].score>stud[max].score)
         ________【8】________;
      else
         if(stud[i].score<stud[min].score)
            ________【9】________;
   printf("最高分获得者为：%s,分数为：%d",________【10】________);
   printf("最低分获得者为：%s,分数为：%d",________【11】________);
}
```

三、程序阅读题

1. 运行下列程序写出其结果并分析。

```
#include <stdio.h>
#include "process.h"
typedef struct person
{
   char   name[31];
   int    age;
   char   address[101];
} Person;
void main(void)
{
   Person  per[2]= {
            {"Qian", 25, "west street 31"},
            {"Qian", 25, "west street 31"} };
   Person *p1=per;
   char   *p2=per[0].name;
   printf("per         =%u\n", per);
   printf("&per[0]     =%u\n", &per[0]);
   printf("per[0].name =%u\n", per[0].name);
   printf("p1          =%u\n", p1);
   printf("p2          =%u\n\n", p2);
   printf("&p1         =%u\n", &p1);
   printf("&p2         =%u\n\n", &p2);
   printf("&per        =%u\n", &per);
   exit(0);
}
```

2. 这是一个学生综合评估的源程序，写出程序运行的结果。

```
#include <stdio.h>
#define  ScoreTable_TY struct ScoreTable
```

```
ScoreTable_TY
{
    char  name[31];
    int   score[5];
    int   sum;
    float  avg;
} ;
void  SumAndAvg(ScoreTable_TY *pt);
char *Remak(float avg);
main()
{
    int i;
    ScoreTable_TY stu[5]= {
                    {"zhang", {68, 99, 80, 96, 92}, 0, 0},
                    {"wang",  {88, 89, 90, 96, 92}, 0, 0},
                    {"li",    {85, 93, 82, 66, 82}, 0, 0},
                    {"zhao",  {98, 99, 90, 96, 92}, 0, 0},
                    {"qian",  {68, 99, 92, 91, 62}, 0, 0}
                    };
    ScoreTable_TY *pt=stu;
    for(i=0; i<5; i++, pt++)
    {
        SumAndAvg(pt);
    }
    for(i=0; i<5; i++)
    {
        printf("%10s:  %s\n", stu[i].name, Remak(stu[i].avg));
    }
    return 0;
}
void SumAndAvg(ScoreTable_TY *pt)
{
    int i;
    for(i=0; i<5; i++)
        pt->sum += pt->score[i];
    pt->avg = pt->sum/5.0;
}
char *Remak(float avg)
{
    if(avg > 90.0)
        return "best";
    else
        if(avg > 95)
            return "better";
        else
            return "good";
}
```

3. 输入下列源程序，按提示输入相应的数据，写出运行结果，并分析源程序。

```
#include <stdio.h>
#include <malloc.h>
struct Person
{
    char          name[31];
    int           age;
```

```
    char         address[101];
    struct Person   *next;
};
struct Person *createLink();
void printLink(struct Person *pt);
void distroyLink(struct Person *LinkHead);
void main()
{
    struct Person *LinkHead;
    LinkHead=createLink();
    printLink(LinkHead);
    distroyLink(LinkHead);
}
struct Person *createLink()
{
    struct Person *LinkHead, *LinkEnd, *pt;
    int i;
    printf("input name age address:\n");
    for(i=0; i<3; i++)
    {
        pt= (struct Person *)malloc(sizeof(struct Person));
        scanf("%s %d %s", pt->name, &pt->age, pt->address);
        if(0==i)
        {
            LinkHead =pt;
            LinkEnd  =pt;
        }
        else
        {
            LinkEnd->next =pt;
            LinkEnd      =pt;
        }
    }
    LinkEnd->next =NULL;
    return LinkHead;
}
void printLink(struct Person *pt)
{
    while(NULL!=pt)
    {
        printf("%-20s, %4d, %s\n", pt->name, pt->age, pt->address);
        pt = pt->next;
    }
}
void distroyLink(struct Person *LinkHead)
{
    struct Person *pt;
    int   i=0;
    pt=LinkHead;
    while(NULL != pt)
    {
        LinkHead = LinkHead->next;
        free(pt);
        printf("free node:%d\n", i++);
        pt =LinkHead;
    }
}
```

四、编程题

1. 定义一个结构体变量，其成员包括学号、姓名和通信地址。

2. 对上面定义的变量，从键盘输入所需的具体数据，然后用 printf 函数打印出来。

3. 对上面的结构体类型定义一个结构体数组，从键盘输入每一个元素所需的值，然后一一打印出来。

4. 针对上题设计一个数据录入函数和数据输出函数，数据录入函数每调用一次就接收一条记录的数据，当调用数据输出函数时则输出所有记录。

第 10 章 文件

文件是指一组存储在外部介质上的数据的有序集合。在前面的各章中我们已经多次使用了文件，例如，源程序文件、目标文件、可执行文件和库文件（头文件）等。本章将讨论文件的一般性概念以及 C 程序里的文件的操作，并通过程序设计实例，讨论文件操作中的一些问题和技术。

10.1 文件概述与文件类型指针

由于计算机内存器件的特性，存于其中的数据在关机后将立刻消失。为了持续性地保存数据，就必须借助外存设备。这样，编写 C 语言程序时也就需要了解如何访问和使用外存，程序语言也必须提供这方面的功能。在目前的计算机系统里，外存信息都通过目录和文件方式组织起来，构成操作系统管理下的外存信息结构。程序执行中与外存打交道，主要就是访问使用作为外存数据集合的文件。

10.1.1 文件概述

在前面几章的程序中，我们采用了标准输入（键盘输入）和标准输出（显示器输出）模式处理数据，操作系统将这些与输入/输出有关的操作都统一到文件的概念中，对它们的操作都通过相应文件名进行。

文件可以从不同的角度来进行分类，如从用户的角度分类，文件可分为磁盘文件和设备文件两种；按文件中数据组织形式分类：有文本文件和二进制文件。

普通文件是指存储在磁盘或其他外部介质上的一个有序数据集，可以是源文件、目标文件和可执行程序；也可以是一组待输入处理的原始数据，或者是一组输出的结果。

设备文件是指与主机相联的各种外部设备，如显示器、打印机和键盘等。在操作系统中，把外部设备也看作是一个文件来进行管理，对它们的输入、输出等同于对磁盘文件的读写。

文本文件又称为 ASCII 文件或字符文件，按字符方式存储，该文件中的每一个字节存放一个 ASCII 代码，代表一个字符，可用字符操作命令进行直接读写，但占存储空间较多。图 10.1 显示了十进制整数 5678 以文本文件存储的形式。

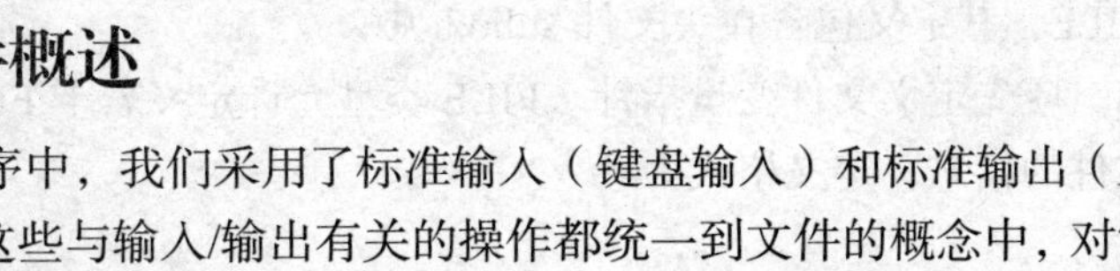

图 10.1　十进制整数 5678 以文本文件存储的形式

二进制文件是按二进制的编码方式来存放文件的。例如，数 5678 的存储形式为：00010110 00101110 只占 2 个字节。二进制文件是把内存中的数据，原样输出到磁盘文件中，这样可以节省存储空间和转换时间，虽然也可在屏幕上显示，但 1 个字节并不对应 1 个字符，不能直接输出字符形式。

C 语言在处理这些文件时，不区分类型，都看成是字符流，按字节进行处理。输入输出字符流的开始和结束只由程序控制而不受物理符号（如回车符）的控制。也把这种文件称作“流式文件”。

由于外存速度较慢，一般采用成块传递方式，一次传递一批数据。而程序里对数据的使用则往往不是这样。为了缓和两者间在数据提供和使用方面的差异，C 系统在内存为正在使用的每一个文件开辟一个固定容量的“缓冲区”，当执行读文件的操作时，从外存上将指定的文件数据先读入缓冲区，装满后再从缓冲区逐个将数据送到程序数据区；当执行写文件的操作时，先将程序数据写入缓冲区，待缓冲区装满后再送到外存，如图 10.2 所示。程序需要读入数据时就由缓冲区读取，不必每次访问外存，这样可以大大提高程序的工作效率。这种输入输出方式称为缓冲式输入输出，是一种常用的输入输出方式。

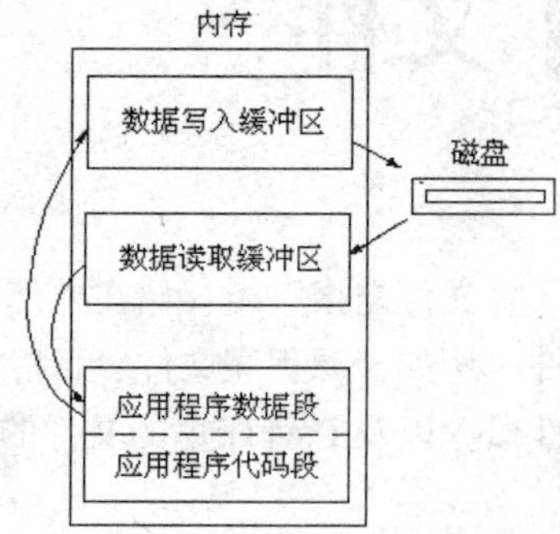

图 10.2　读写文件操作示意图

10.1.2　文件指针

文件指针是缓冲式文件系统中最重要的概念。对缓冲式文件系统来说，标准 C 在内存中为每个被使用的文件开辟一小块固定大小的区域，用于存放文件的属性状态（如文件的名字、文件的性质和文件的当前状态等信息），该区域利用一个结构类型变量存放。该变量的结构体类型是由系统定义的，取名为 FILE，其定义包含在头文件 stdio.h 中。

在操作文件以前，应先定义文件变量指针。FILE 类型允许定义若干 FILE 类型指针变量，以便存放若干待操作文件的信息。定义格式为：

```
FILE  *fp1, *fp2;
```

按照上面的定义，fp1 和 fp2 均为指向 FILE 类型的指针变量，允许系统打开两个可操作的文件；一个文件有一个文件指针，今后对文件的访问，会转化为对文件指针的操作。

10.2　文件的打开与关闭

为了能在程序中方便地根据需要使用各种文件，就必须利用标准库的文件操作函数，通过为有关文件建立特定输入输出流的方式使用它们。

10.2.1　文件的打开

打开文件的操作通过标准库函数 fopen 完成。函数 fopen 的原型是：

```
FILE *fopen(const char *filename, const char *mode);
```

其中 filename 的实参是字符串，表示要打开的文件名；mode 是另一字符串，用于指定文件打开方式。该函数原型在 stdio.h 文件中，其调用格式为：

```
FILE *fp;
fp=fopen("文件名", "文件打开方式");
```

或者将上述两句合并为一句：

```
FILE  *fp=fopen("文件名","文件打开方式");
```

其功能是打开一个由“文件名”指向的磁盘文件，返回指向该文件的文件指针。在文件名中可以指明盘符及文件路经。若文件打开成功，则 fp 为一非空指针，否则 fp 值为 NULL，常用的文件打开方式由表 10.1 给出。

表 10.1　　文件打开方式

文件打开方式	含义
r	以只读方式，为输入打开一个文本文件，只允许读数据
w	以只写方式，为输出打开或建立一个文本文件，只允许写数据
a	以追加方式，打开一个文本文件，并在文件末尾写数据
rb	以只读方式，为输入打开一个二进制文件，只允许读数据
wb	以只写方式，为输出打开或建立一个二进制文件，只允许写数据
ab	以追加方式，打开一个二进制文件，并在文件末尾写数据
r+	以读写方式，打开一个文本文件，允许读和写（文件已存在，否则出错）
w+	以读写方式，打开或创建一个新的文本文件，允许读和写
a+	以读写方式，打开一个文本文件，允许读，或在文件末追加数据
rb+	以读写方式，打开一个二进制文件，允许读和写
wb+	以读写方式，打开或创建一个二进制文件，允许读和写
ab	以读写方式，打开一个二进制文件，允许读，或在文件末追加数据

例如：

```
FILE  *fp;
fp=fopen("d:\\abc.txt", "r");
```

其功能是以“只读”方式在 D：盘根目录下打开名为 abc.txt 的文本文件，允许进行“读”操作，并使 fp 指向该文件。两个反斜线“\\”属于转义字符，代表反斜杠字符"\"，又如：

```
FILE  *fp;
fp=fopen("c:\\test.txt", "rb");
```

其意义是打开 C 盘根目录下的文件 test.txt，只允许按二进制方式进行读操作。对于文件打开方式有以下说明。

（1）凡用“r”打开一个文件时，该文件必须已经存在，且只能从该文件读出。

（2）用“w”打开的文件只能向该文件写入。若打开的文件不存在，则以指定的文件名建立该文件，若打开的文件已经存在，则将该文件删去，重建一个新文件。

（3）若要向一个已存在的文件追加新的信息，只能用“a”方式打开文件。

（4）在打开一个文件时，如果出错，fopen( )将返回一个空指针值 NULL。在程序中可以用这一信息来判别是否完成打开文件的工作，并做相应的处理。

（5）把一个文本文件读入内存时，系统将 ASCII 码转换成二进制码，而把文件以文本方式写入磁盘时，系统也要把二进制码转换成 ASCII 码，因此文本文件的读写要花费较多的转换时间。对二进制文件的读写不存在这种转换。

例 10.1 打开一个文件的操作。

```
#include <stdio.h>
#include <stdlib.h>                    /*包含 exit( )函数所在的头文件*/
void main()
{
    FILE *fp;
    if((fp=fopen("d:\\test.txt","r"))==NULL)
    {
        printf("Error on open d:\test.txt file!");
        exit(0);
    }
}
```

这段程序的意义是，如果返回的指针为空，表示不能打开 D 盘根目录下的 test.txt 文件，则给出提示信息“error on open d:\ test.txt file!”，然后执行 exit(0)退出程序。

10.2.2 文件的关闭

文件一旦使用完毕，要用关闭文件函数把文件关闭，以避免出现文件数据丢失等错误。关闭文件通过函数 fclose 完成，它的原型是：

```
int fclose(FILE * stream);
```

该函数原型也在 stdio.h 文件中，其调用格式为：

```
fclose(文件指针);
```

若关闭文件操作成功，fclose( )函数返回值为 0，否则返回 EOF（-1）。

例 10.2 以读方式打开和关闭一个名为 test.dat 的二进制文件。

```
#include <stdio.h>
#include <stdlib.h>
void main( )
{
    FILE *fp;
    if((fp=fopen("test.dat","rb"))==NULL)
    {
        printf("cannot open file\n");
        exit(0);
    }
    /*对文件执行读操作，这里暂略*/
    …………
    fclose(fp);
}
```

10.3 文件的读写

当文件按指定的工作方式打开以后，就可以执行对文件的读和写。针对文本文件和二进制文件的不同性质，对文本文件来说，可按字符读写或按字符串读写；对二进制文件来说，可进行成块的读写或格式化的读写。

C 语言提供多种文本文件读写函数，如表 10.2 所示，这些函数原型都包含在头文件 stdio.h 中。

表 10.2　　C 语言提供的主要文件读写函数

函数名	功能
fgetc/fputc	字符读/写函数，用于以字符为单位的文件读/写操作
fgets/fputs	字符串读/写函数，用于以字符串为单位的文件读/写操作
fread/fwrite	数据块读/写函数，用于对文件中的数据块进行读/写操作
fscanf/fprintf	格式化读/写函数，用于按一定格式进行文件的读/写操作

10.3.1　字符读写函数 fgetc( )和 fputc( )

基本字符输入和输出函数 fgetc 和 fputc，其原型分别是：

```
int fgetc(FILE *fp);
int fputc(int c, FILE *fp);
```

其功能是：

（1）fgetc(fp)函数从指定文件的当前位置返回一个字符，如果已访问到文件尾，函数返回一个 EOF（EOF 是一个符号常量，值为-1，定义在 stdio.h 文件中）。若读写文件完成，则应关闭文件。

（2）fputc(ch, fp)函数完成将字符 ch 的值写入 fp 所指向的文件的当前位置。fputc ( )函数的返回值是所写入字符的值，出错时返回 EOF。

例 10.3　从键盘输入一行字符，存到磁盘文件 test.txt 中。

```
#include <stdio.h>
#include <stdlib.h>
void main( )
{
    FILE *fp;                                /*定义文件指针*/
    char ch;
    if ((fp=fopen("test.txt","w"))==NULL)    /*以只写方式打开文件*/
    {
        printf("cannot open file!\n");
        exit(0);
    }
    while ((ch=getchar())!='\n')             /*当输入字符为非换行符*/
    {
        putchar(ch);                         /*显示输入的字符*/
        fputc(ch,fp);                        /*将字符写入文件*/
    }
    fclose(fp) ;
}
```

该程序把从键盘输入的一行字符串，写入到指定的文本文件 test.txt 中，该文件以只写方式打开，文件写操作完成后，可采用各种字符处理工具进行访问。例如，我们可以通过 DOS 提供的 type 命令来显示文件内容。

程序的一次运行过程如下：

输入：Hello world! ↙

输出：Hello world!

对于 fgetc/fputc 函数的使用有以下几点说明。

（1）在 fgetc 函数调用中，读取的文件必须是以读或读写方式打开的；而 fputc 函数调用，被写入的文件可用写、读写和追加方式打开。

（2）读取字符的结果也可用字符变量保存。例如，ch=fgetc(fp)。

（3）在文件内部用位置指针来指向文件的当前读写位置，每读写一次该指针均向后移动。在文件打开时，该指针总是指向文件的第一个字节，由系统自动设置。因此连续多次使用 fgetc 函数/fputc 函数，可读取/写入多个字符。注意文件指针和文件内部位置指针不是一回事。文件指针是指向整个文件的，须在程序中定义说明。

10.3.2 字符串读写函数 fgets( )和 fputs( )

C 语言提供 fgets( )和 fputs( )函数用于实现对文本文件进行字符串读写操作。其函数原型是：

```
char *fgets(char *buffer, int n, FILE *fp)
int fputs(const char *buffer, FILE *fp)
```

功能如下。

（1）fgets( )的功能是从指定的文件中读长度不超过 n-1 的字符串到字符数组中，在最后一个读入字符后加串结束标志'\0'。若在读出 n-1 个字符之前遇到了换行符或 EOF，则读结束。fgets 函数也有返回值，若读入数据成功，则返回字符数组的首地址，否则返回空。

（2）fputs( )的功能是向指定文件写入一字符串，其中字符串可以是字符串常量、字符数组名或字符型指针变量。字符串终结符'\0'不写入。若写入成功，函数值为 0，失败时，为 EOF。

例 10.4 向例 10.3 建立的文件 test.txt 末尾追加一个字符串，并显示 test.txt 文件内容。

```
#include <stdio.h>
#include <string.h>
void main( )
{
    FILE *fp;
    char ch, str[1210];
    if ((fp=fopen("test.txt","a+"))==NULL)    /*以追加读写文本文件的方式打开文件*/
    {
        printf("cannot open file!");
        exit(0) ;
    }
    if((strlen(gets(str)))!=0)                /*若串长度为零，则结束*/
    {
        fputs(str,fp) ;                       /*写入串*/
        fputs("\n",fp);                       /*写入回车符*/
    }
    rewind(fp);                               /*把文件内部位置指针移到文件首*/
    ch=fgetc(fp);
    while(ch!=EOF)                            /*显示文本文件的全部内容*/
    {
        putchar(ch);
        ch=fgetc(fp);
    }
```

```
    printf("\n");
    fclose(fp);                                      /*关文件*/
}
```

10.3.3 格式化读写函数 fscanf( )和 fprintf( )

C 语言提供了对磁盘文件进行格式化读写的函数 fscanf( )和 fprintf( )，原型分别是：

```
int fscanf(FILE *fp, const char *format, ...);
int fprintf(FILE *fp, const char *format, ...);
```

其中的参数除文件指针外，其余两个参数与 scanf( )和 printf( )用法完全相同。其功能如下。

（1）fscanf( )函数的功能是按指定的格式从“文件指针”指向的磁盘文件上将“输入表列”的数据读入数据缓存区。

（2）fprintf( )函数功能是将“输入表列”数据按指定的格式输出到“文件指针”指向的磁盘文件上。

由于引入了这两个格式化输入/输出函数，使得文件在存储格式上满足某种指定格式。例如：

```
fscanf(fp,"%d%s",&i,&s);
fprintf(fp,"%d%s",i,s);
```

例 10.5 将两个学生记录，包括姓名、学号、两科成绩的数据，以格式化的数据格式写入文本文件 test.txt，再从该文件中以格式化方法读出显示到屏幕上。

```
#include <stdio.h>
#include <stdlib.h>
void main( )
{
   FILE *fp;
   int i;
   struct stu1                                  /*定义结构体类型*/
   {
      char name[15];
      char num[6];
      float score[2];
   }stu;                                        /*说明结构体变量*/
   if ((fp=fopen("test.txt","w"))==NULL)
   {              /*第一次以文本只写方式打开文件，写入格式化数据*/
      printf("cannot open file");
      exit(0);
   }
   printf("input data:\n");
   for( i=0;i<2;i++)
   {              /*循环写全部数组元素，每次向文件写入一个结构数组元素*/
      scanf("%s %s %f %f",stu.name,stu.num,&stu.score[0],&stu.score[1]);/ *键盘输入*/
      fprintf(fp,"%s %s %7.2f %7.2f\n",stu.name,stu.num,stu.score[0],stu.score[1]);
   }
   fclose(fp);    /*关闭文件*/
   if ((fp=fopen("test.txt","r"))==NULL)
   {              /*第二次以文本只读方式重新打开文件，读出格式化数据*/
      printf("cannot open file");
      exit(0);
```

```
    }
    printf("output from file:\n");
    while (fscanf(fp,"%s %s %f %f\n",stu.name,stu.num,&stu.score[0],&stu.score[1]) !=EOF)
        printf("%s %s %7.2f %7.2f\n",stu.name,stu.num,stu.score[0],stu.score[1]);
    fclose(fp);                                          /*关闭文件*/
}
```

程序运行如下：

```
input data:
chengwan j0202 107.5 103.5↙
zhoumeili j0203 76.5 106.5↙
output from file:
chengwan j0202 107.5 103.5
zhoumeili j0203 76.5 106.5
```

10.3.4* 数据块读写函数 fread( )和 fwrite( )

前面介绍的几种读写文件的方法，对于复杂的数据类型无法以整体形式向文件写入或从文件读出。为了解决这个问题，C 语言提供成块的读写方式来操作文件，使数组或结构体等类型可以进行一次性读写。

C 语言提供的数据块读写函数 fread( )和 fwrite( )，可用来读写一组数据（一个数据块）。读写数据块函数调用的一般形式为：

```
fread(buffer, size, n, fp);
fwrite(buffer, size, n, fp);
```

其中，buffer 是一个缓冲区指针，在 fread 函数中它表示存放读入数据的首地址；在 fwrite 函数中它表示写入数据的首地址。size 表示每次读写的数据项的字节数。n 表示要连续读写的数据项项数。fp 表示文件指针。每调用一次数据块读写函数所传输的总字节数等于 n×size。

其功能如下。

（1）fread( )函数从打开的文件 fp 中读取 n 个数据块，每个数据块的长度为 size 字节，放入指定的缓冲区 buffer 中，所读的字节长度为 n×size。函数调用成功后，返回实际读的数据项数，若遇文件结束或出错则返回 0。

（2）fwrite( )函数把 buffer 所指向的 n 个数据项（每个数据项的长度为 size 个字节）写入到已经打开的文件 fp 中。函数返回值为写到文件中的数据项个数。

例 10.6 从键盘输入两个学生数据，写入一个文件中，再读出这两个学生的数据显示在屏幕上。

```
#include <stdio.h>
#include <stdlib.h>
struct stu                                  /*定义了一个结构 stu*/
{
    char name[10];
    int num;
    int age;
    char addr[15];
}stu1[2],stu2[2], *p, *q;                   /*说明两个结构数组 stu1 和 stu2 及两个指针变量 p 和 q */
void main( )
{
```

```
    FILE *fp;
    char ch;
    int i;
    p=stu1;                                          /*结构指针变量 p 指向结构数组 stu1 */
    q=stu2;                                          /*结构指针变量 q 指向结构数组 stu2 */
    if((fp=fopen("stu_list","wb+"))==NULL)           /*以二进制读写方式打开文件*/
    {
        printf("Cannot open file strike any key exit!");
        exit(0);
    }
    printf("\n Please input data:\n");               /*输入两个学生数据*/
    for(i=0;i<2;i++,p++)
        scanf("%s%d%d%s",p->name,&p->num,&p->age,p->addr);
    p=stu1;
    fwrite(p,sizeof(struct stu),2,fp);               /* 输入的数据写入 fp 指向的文件中*/
    rewind(fp);                                      /*文件内部位置指针移到文件首*/
    fread(q,sizeof(struct stu),2,fp);                /*读出两块学生数据*/
    printf("\n\nname\tnumber age addr\n");
    for(i=0;i<2;i++,q++)                             /*在屏幕上显示，两块学生数据*/
        printf("%s\t%5d%4d  %s\n",q->name,q->num,q->age,q->addr);
    fclose(fp);                                      /*关闭文件*/
}
```

运行结果如下：

```
Please input data:
Liming 1001 22 hunan_xiangtan↙
Liuhua 1002 23 hunan_changsha↙
name   number  age    addr
Liming   1001    22   hunan_xiangtan
Liuhua   1002    23   hunan_changsha
```

10.4*　文件的随机读写

前面介绍的对文件的读写方式都是顺序读写，即读写文件只能从头开始，顺序读写各个数据。在实际问题中常要求读写文件中某一指定的部分，为了解决这个问题，可以将文件内部的位置指针移动到需要读写的位置，再进行读写操作。这种读写操作称为随机读写。按要求移动文件内部的位置指针的操作称为文件的定位。

C 语言提供的文件定位函数主要有 rewind( )函数和 fseek( )函数：rewind( )函数的功能是把文件内部的位置指针移到文件首；fseek( )函数用来移动文件内部位置指针到某一指定位置。这两个函数的调用形式为：

```
int rewind(FILE *fp);
int fseek(FILE *fp, long offset, int fromwhere);
```

其中，“文件指针 fp”指向打开的文件。“位移量 offset”表示移动的字节数且为 long 型数据，当用常量表示位移量时，可加后缀“L”，其值可以为正值或负值，表示从起始位置处向前或向后的移动指针。“起始位置 fromwhere”表示从何处开始计算位移量，规定的起始点有 3 种：文件首、当前位置和文件尾。其表示方法如表 10.3 所示。函数的返回值若操作成功为 0，操作失败为非零。例如：

```
fseek(fp,100L,0);        /* 将文件内部的位置指针从文件头向前移动 100 个字节*/
fseek(fp,-10L,1);        /* 将文件内部的位置指针从当前位置向后移动 10 个字节*/
```

需要说明的是 fseek( )函数一般用于二进制文件。当文件内部的位置指针按要求进行了移动之后，对文件的随机读写即可用前面介绍的任一种读写函数进行读写。常用 fread( )和 fwrite( ) 函数与 fseek( )函数配合使用来对一个数据块进行读写操作。

表 10.3　fromwhere 的表示方法

起始点	标识符号	值
文件首	SEEK_SET	0
当前位置	SEEK_CUR	1
文件尾	SEEK_END	2

例 10.7　在学生文件 stu_list 中读出第二个学生的数据。

```
#include <stdio.h>
#include <stdlib.h>
struct stu
{
    char name[10];
    int num;
    int age;
    char addr[15];
}stu1, *q;
void main()
{
    FILE *fp;
    char ch;
    int i=1;
    q=&stu1;
    if((fp=fopen("stu_list","rb"))==NULL)          /*文件 stu_list 在例 10.6 建立*/
    {
        printf("Cannot open file!");
        exit(0);
    }
    rewind(fp);                                    /*指针重新指向文件首*/
    fseek(fp,i*sizeof(struct stu),0);              /*从文件首开始向后移动一个数据长度*/
    fread(q,sizeof(struct stu),1,fp);              /*从当前位置指针开始读取一个数据*/
    printf("name\tnumber age addr\n");
    printf("%s\t%5d %7d %s\n",q->name,q->num,q->age,q->addr);
    fclose(fp);
}
```

10.5*　文 件 检 测

除了上述的文件操作函数外，C 语言提供了一组文件检测函数，以便对文件的工作状态进行监测和控制。常用的文件检测函数有以下几个。

10.5.1　文件结束检测函数 feof( )

调用格式：feof(文件指针);

函数功能：判断文件是否处于文件结束位置，如文件结束，则返回值为 1，否则为 0。

10.5.2　读写文件出错检测函数 ferror( )

调用格式：ferror(文件指针);

函数功能：检查文件在用各种输入/输出函数进行读写时是否出错。如 ferror( )返回值为 0 表示未出错，否则表示有错。

10.5.3　文件出错标志和文件结束标志置 0 函数 clearerr( )

调用格式：clearerr(文件指针);

函数功能：用于清除出错标志和文件结束标志，使它们为 0 值。

在 C 程序中，只要文件操作出错，就会出现错误标志。该标志将一直保留，直到对同一文件调用 clearerr( )函数或 rewind( )或其他任一个输入输出函数。例如：

```
err= ferror(fp);
if (err!=0)
{
   printf("error\n");
   clearer(fp);                    /* 使 ferror(fp)=0 */
}
```

10.5.4　检测文件内部的位置指针的当前位置函数 ftell( )

调用格式：ftell(FILE *fp);

函数功能：ftell 函数返回文件指针的当前位置。若函数调用出错（如文件不存在），则函数返回值为-1L。例如：

```
err=ftell(fp);
if (err==-1L)
   printf("error\n");
```

10.6*　综　合　实　例

本节是一个综合实例——成绩管理系统的设计与实现。

10.6.1　需求分析

一个成绩管理系统最主要的功能就是对成绩信息的查询、添加、查找、删除等操作，同时程序应该是高效、稳定的，不能出现错误的结果，而且要选择好的数据结构，减少对存储空间的占用，提高程序的执行效率。学生信息主要包括姓名、学号、性别、年龄、出生日期、家庭地址、电话号码、成绩信息等内容，其中成绩信息主要包括三门课程的成绩和总分成绩，可设计结构体代码如下。

```
/*时间结构体类型*/
struct  date
{
int  year; /*年*/
int  month; /*月*/
int  day; /*日*/
};

/*学生成绩结构体类型*/
struct score
{
intgao;/*高数成绩*/
intying;/*英语成绩*/
intwu;/*大学物理成绩*/
int  total;/*总分成绩*/
     };
/*学生信息结构体类型*/
struct s_message
{
int num;/*学生学号*/
char name[20];/*学生姓名*/
char sex[5];/*学生性别*/
int  age;/*学生年龄*/
struct  date a;/*出生日期*/
char address[50];/*家庭地址*/
char tel    [11];/*联系电话*/
struct  score c;/*成绩信息*/
};
```

10.6.2 系统设计

根据上面的需求分析，得出该成绩信息管理系统要实现的功能有以下 6 个方面。

（1）录入学生信息。

（2）实现输出功能，即输出所有学生信息。

（3）实现更新功能，包括添加和修改功能，即可以添加学生信息或根据条件修改相应的信息。

（4）实现查询功能，即按不同的查询条件可查找学生的相应信息。

（5）实现统计功能，即可以按条件进行成绩排名或按性别统计现有学生的数量。

（6）实现删除功能，即输入删除条件可删除相应学生的数据。

10.6.3 功能设计

1. 显示主菜单模块

程序运行后，首先输入程序运行密码“110”，进入主功能菜单的选择界面，在此展示了程序中的所有功能，以及如何调用相应的功能等，用户可以根据需要输入想要执行的功能，然后进入到子功能中，运行结果如图 10.3 所示。

图 10.3 中的界面效果，主要是使用了 printf 函数在控制台输出文字和特殊的符号。

程序代码如下。

```
printf("\n\n****************************************************************\n");
printf("\n\n********密码输入成功,欢迎您进入学生信息管理系统***********\n\n");
printf("***************************************************************\n");
printf("        1.录入学生信息\n\n");
printf("        2.输出学生信息\n\n");
printf("        3.更新学生信息\n\n");
printf("        4.查询学生信息\n\n");
printf("        5.学生排名信息\n\n");
printf("        6.统计学生信息\n\n");
printf("        7.删除学生信息\n\n");
printf("        0.退出系统\n\n");
        printf("        请选择(0-7):");
        scanf("%d",&choice);
```

在 main 函数中，首先显示主菜单，然后等待用户输入，根据用户的输入做相应的处理，这里主要使用 switch 语句来响应用户的输入。

2. 录入学生信息

在主功能菜单中输入编码 1 就可以进入录入学生信息的模块中，首先会弹出需录入的学生人数，并提示用户输入学生相关信息，程序的运行结果如图 10.4 所示。

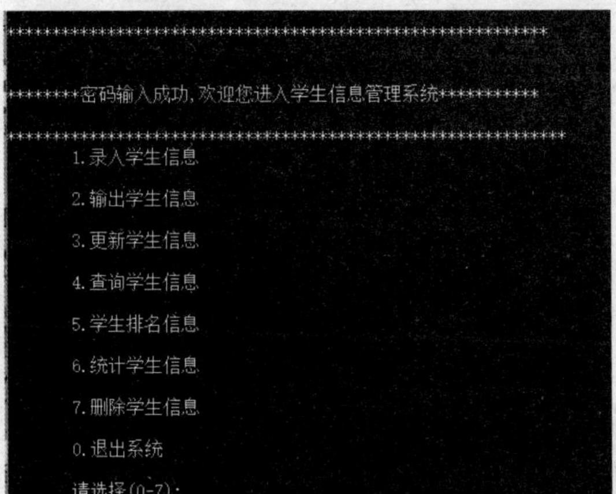

图 10.3　程序启动后显示的主菜单

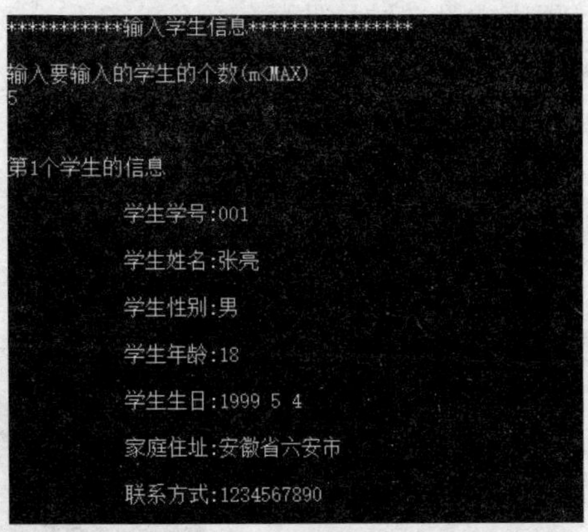

图 10.4　添加学生信息

实现上述功能的代码如下。

```
putin_message()
    { //system("cls");
        int i=0,m=0;
         printf("\n\n***********输入学生信息****************\n\n");
         printf("输入要输入的学生的个数(m<MAX)\n");
         scanf("%d",&m);
      for(i=sum;i<sum+m;i++)
      {     printf("\n\n第%d个学生的信息\n",i+1);
             printf("\n           学生学号:");
```

```
                scanf("%d",&s[i].num);
                if(s[i].num==0) break;
                printf("\n          学生姓名:");
                scanf("%s",s[i].name);
                printf("\n          学生性别:");
                scanf("%s",s[i].sex);
                printf("\n          学生年龄:");
                scanf("%d",&s[i].age);
                printf("\n          学生生日:");
                scanf("%d%d%d",&s[i].a.year,&s[i].a.month,&s[i].a.day);
               printf("\n          家庭住址:");
                scanf("%s",s[i].address);
                printf("\n          联系方式:");
                scanf("%s",s[i].tel);
                printf("\n          高数--英语--大物(成绩 0-100):");
                scanf("%d%d%d",&s[i].c.gao,&s[i].c.ying,&s[i].c.wu);
                s[i].c.total=s[i].c.gao+s[i].c.ying+s[i].c.wu;
/*              flushall();*/
            }
            printf("\n*****************学生信息输入完毕*****************\n");
            sum+=m;
           printf("\n          按回车键返回主菜单! ");
            getch();
            return 0;
        }
```

程序中设定结构体数组 s 作为全局变量用来保存学生信息，最大长度为 MAX，这样定义主要是为了方便程序开发。在主函数中选择录入学生信息后，将会执行保存学生信息函数，将学生信息保存在 s.txt 文件中。

上述添加操作完成之后，按回车键就会再次显示主菜单。

3. 输出学生信息

在主功能菜单中输入编码 2 可以输出学生信息，实际上就是访问一遍结构体数组，完成学生信息的输出，如图 10.5 所示。

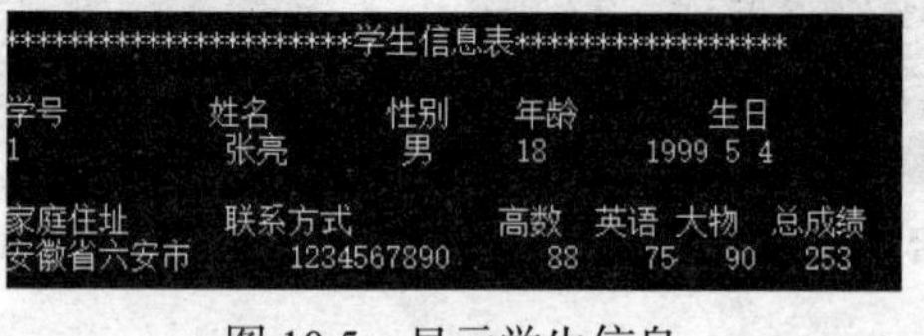

图 10.5 显示学生信息

实现学生信息输出功能的代码如下。

```
void putout_message()
      {//system("cls");
        int i=0;
        printf("\n*********************学生信息表*****************\n\n");
       for(i=0;i<sum;i++)
        {
          MY1;              /*按标识符定义的格式进行显示*/
          MY2;
```

```
        MY3;
        MY4;
        printf("\n\n");
      }
      printf("按回车键返回主菜单! ");
      getch();
  }
```

4. 更新学生信息

在主功能菜单中输入编码 3 则可以进入更新学生信息的模块，进入该模块后会弹出更新学生信息的表头，并提示选择更新方式：添加或修改学生信息，此部分的功能由两个子函数 insert_message()和 revise_message()实现，选择界面如图 10.6 所示。

实现更新学生信息的选择界面，函数代码如下。

```
renew_message()
    {//system("cls");
         int  choice;
           do
           {
               printf("\n\n\n**************更新学生信息****************\n\n");
               printf("                   1.添加学生信息\n\n");
               printf("                   2.修改学生信息\n\n");
               printf("                   0.返回主菜单\n\n");
               printf("                   choice(0-2)");
               scanf("%d",&choice);
        switch(choice)
            {
               case 1:insert_message();break;
               case 2:revise_message();break;
               case 0:break;
            }
           }while(choice!=0);
        return 0;
    }
```

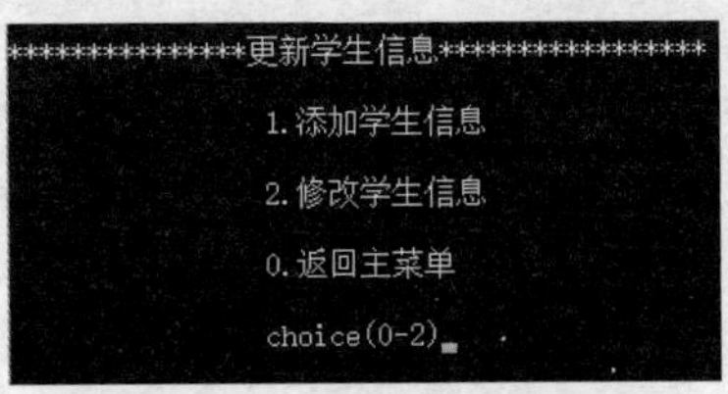

图 10.6　更新学生信息

在修改学生信息子函数中可以按学号进行查找，并可以根据学生信息的各项进行单独修改，如果没有此学号，给出错误提示。

5. 查询学生信息

在主菜单中输入编码 4 可进入查询学生信息模块，进入模块后要求用户查询条件的编号，可按学号查询，按姓名查询或选择查询各门成绩及格的学生信息。如果查询到学生信息则会显示相应内容，如果查询不到则会提示用户没有该学生的信息，运行结果如图 10.7 所示。

实现查询模块的功能主要是由学生信息查询子函数和各门成绩及格查询子函数实现，若查询成功则显示学生信息，否则显示提示信息。显示结果按一定格式进行显示。

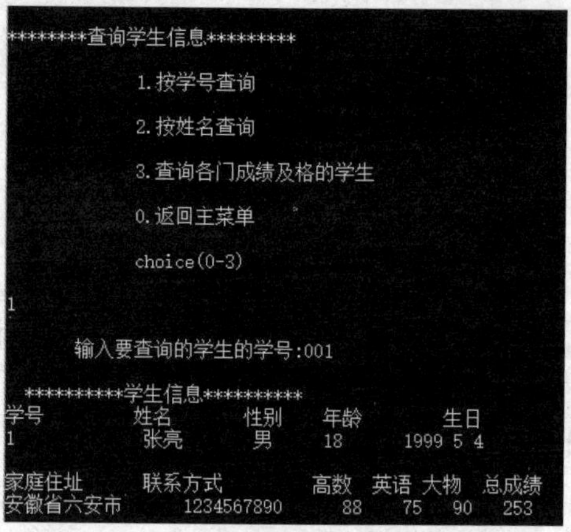

图 10.7　查询到学生的信息

查询学生信息函数的代码如下。

```
inquire_message()
{//system("cls");
      int  choice;
       do
       {
          printf("\n\n\n********查询学生信息*********\n\n");
          printf("           1.按学号查询\n\n");
          printf("           2.按姓名查询\n\n");
          printf("           3.查询各门成绩及格的学生\n\n");
          printf("           0.返回主菜单\n\n");
          printf("           choice(0-3)\n\n");
        scanf("%d",&choice);
        switch(choice)
        {
            case 1: inquire_num();break;
            case 2: inquire_name();break;
            case 3: inquire_jige();break;
            case 0: break;
        }

       }while(choice!=0);
        getch();
       return 0;
}
```

查询各门成绩及格子函数的代码如下。

```
int  inquire_jige()
{//system("cls");
      int  choice;
       do
       {
         printf("\n\n********查询学生信息*********\n\n");
```

```
        printf("    1.查询高数成绩及格的学生\n\n");
        printf("    2.查询英语成绩及格的学生\n\n");
        printf("    3.查询大学物理成绩及格的学生\n\n");
        printf("    0.返回主菜单\n\n");
        printf("    choice(0-3)\n\n");
        scanf("%d",&choice);
       switch(choice)
        {
             case 1: inquire_gao();break;
             case 2: inquire_ying();break;
             case 3: inquire_wu();break;
         case 0: break;
        }
      }while(choice!=0);
       getch();
       return 0;
}
```

这里直接将查询函数的结果作为显示函数的结果；若查询成功则会输出相关信息，否则会输出无此信息的提示。

6. 排名和统计学生信息

实现统计功能，即可以按条件进行成绩排名或按性别统计现有学生的数量。

成绩排名功能由界面选择函数和功能实现函数实现，可以完成按学号排名和按成绩排名。成绩排名功能的界面选择函数实现代码如下。

```
int rank_message()
{ // system("cls");
      int choice;
       do
       {
           printf("\n\n\n***********排名信息************\n\n");
           printf("       1.按学号排名\n\n");
           printf("       2.按成绩排名\n\n");
           printf("       0.返回主菜单\n\n");
           printf("       choice(0-2)");
           scanf("%d",&choice);
           switch(choice)
           {
                case 1:rank_num();break;
                case 2:rank_score();break;
                case 0:break;
           }
       }while(choice!=0);
       return 0;
}
```

7. 删除学生信息

在主菜单中输入编码 7 可以进行删除学生信息的操作，进入该模块后会显示删除条件的选择，可以实现按学号删除或按姓名删除，删除功能由两个子函数 del_num()和 del_name()实现，根据要求删除对应的学生信息。

实现删除功能的选择界面代码如下。

```
del_message()
{//system("cls");
        int choice;
          do
          {
                printf("\n\n\n*****删除学生信息*****\n\n");
                printf("        1.按学号删除\n\n");
                printf("        2.按姓名删除\n\n");
                printf("        0.返回主菜单\n\n");
                printf("       choice(0-2)");
                scanf("%d",&choice);
          switch(choice)
          {
                    case 1:del_num();break;
                    case 2:del_name();break;
                    case 0:break;
          }

        }while(choice!=0);
          getchar();
          return 0;
}
```

10.6.4 小结

本节通过对学生信息管理系统开发过程的讲解，可以培养学生结构化程序设计的思想，加深对 C 语言基本语言要素和控制结构的理解，针对 C 语言中的重点和难点内容进行训练，同时强调好的程序设计风格，得到软件工程的综合训练，提高解决实际问题的能力。该系统的完整代码在本章 10.6.5 节，请读者自行查阅并练习动手实现，达到举一反三的目的。

10.6.5 成绩管理系统的完整代码

```
#include<stdio.h>
#include<stdlib.h>
#include<string.h>
#include<conio.h>
#define MY1 printf("学号\t     姓名\t 性别\t 年龄\t     生日")
#define MY2 printf("\n%-6d %10s    %4s\t%2d  %8d%2d%2d \n",s[i].num,s[i].name,s[i].sex,
s[i].age,s[i].a.year,s[i].a.month,s[i].a.day)
#define MY3 printf("\n 家庭住址       联系方式          高数  英语 大物  总成绩")
#define MY4 printf("\n%-10s        %-11s       %2d      %2d    %2d     %2d\n",s[i].
address,s[i].tel,s[i].c.gao,s[i].c.ying,s[i].c.wu,s[i].c.total)
#define MAX 30
int    i;
int    sum;
/*时间结构体类型*/
struct  date
     {
          int  year;
```

```
        int  month;
        int  day;
    }a;
/*学生成绩结构体类型*/
struct  score
    {
       int  gao;
        int  ying;
        int  wu;
        int  total;
    }c;
/*学生信息结构体类型*/
    struct  s_message
      {
        int  num;
        char name[20];
        char sex[5];
        int  age;
        struct  date a;
        char address[50];
        char tel    [11];
        struct  score c;
    }s[MAX];
/*保存学生信息模块*/
void save_message(int sum)
{
      int  i;
        FILE*fp;
      if((fp=fopen("D:\\s.txt","wb"))==NULL)
      {
          printf("reading file is wrong!\n");
          return;
      }
        for (i=0;i<sum;i++)
      {
          if(fwrite(&s[i],sizeof(struct s_message),1,fp)!=1)
              printf("writing file is wrong!\n");
      }
          fclose(fp);
}
/*读取学生信息模块*/
      int read_message()
      {
   FILE *fp;
      int i=0;
      if((fp=fopen("D:\\s.txt","rb"))==NULL)
      {
       printf("\n\n****暂时无任何库存信息，按回车键进入主菜单选择基本信息的录入！****\n");
          return 0 ;
      }
   while(feof(fp)==0)
      {
          if(fread(&s[i],sizeof(struct s_message),1,fp)!=1)  break;
          i++;
```

```
    }
  fclose(fp);
    return(i);
     }
/*输入学生信息模块*/
   putin_message()
   {  int i=0,m=0;
     printf("\n\n***********输入学生信息****************\n\n");
     printf("输入要输入的学生的个数(m<MAX)\n");
     scanf("%d",&m);
     for(i=sum;i<sum+m;i++)
     { printf("\n\n第%d个学生的信息\n",i+1);
       printf("\n           学生学号:");
       scanf("%d",&s[i].num);
       if(s[i].num==0) break;
       printf("\n           学生姓名:");
       scanf("%s",s[i].name);
       printf("\n           学生性别:");
       scanf("%s",s[i].sex);
       printf("\n           学生年龄:");
       scanf("%d",&s[i].age);
       printf("\n           学生生日:");
       scanf("%d%d%d",&s[i].a.year,&s[i].a.month,&s[i].a.day);
       printf("\n           家庭住址:");
       scanf("%s",s[i].address);
       printf("\n           联系方式:");
       scanf("%s",s[i].tel);
       printf("\n           高数--英语--大物(成绩0-100):");
       scanf("%d%d%d",&s[i].c.gao,&s[i].c.ying,&s[i].c.wu);
       s[i].c.total=s[i].c.gao+s[i].c.ying+s[i].c.wu;

     }
     printf("\n*****************学生信息输入完毕*****************\n");
     sum+=m;
  printf("\n          按回车键返回主菜单! ");
     getch();
     return 0;
   }
/*输出学生信息模块*/
 void putout_message()
 {
    int i=0;
    printf("\n*********************学生信息表*****************\n\n");
    for(i=0;i<sum;i++)
    {
      MY1;
      MY2;
      MY3;
      MY4;
      printf("\n\n");
```

```
    }
    printf("按回车键返回主菜单！");
    getch();
    }
/*添加学生信息*/
    insert_message()
 {
    int i=sum,flag=0;
    char choice;
    printf("\n\n**********添加一个学生信息***********\n");
do
{
 printf("\n      学生学号:");
 scanf("%d",&s[i].num);
 if(s[i].num==0) break;
 printf("\n      学生姓名:");
 fflush(stdin);
 scanf("%s",s[i].name);
 printf("\n          学生性别:");
 scanf("%s",s[i].sex);
 printf("\n      学生年龄:");
 scanf("%d",&s[i].age);
 printf("\n      学生生日:");
 scanf("%d %d %d",&s[i].a.year,&s[i].a.month,&s[i].a.day);
 printf("\n      学生家庭住址:");
 scanf("%s",s[i].address);
 printf("\n      联系方式:");
 scanf("%s",s[i].tel);
 printf("\n      高数--英语--大物(成绩 0-100):");
 scanf("%d%d%d",&s[i].c.gao,&s[i].c.ying,&s[i].c.wu);
 s[i].c.total=s[i].c.gao+s[i].c.ying+s[i].c.wu;
 sum++;
 printf("\n      要继续吗？ (Y/N)");
 choice=getch();
   if(choice=='y'||choice=='Y')
 {
 printf("\n       继续！\n");
 i++;
 flag=1;
 }
 else  flag=0;
}while(flag==1);
printf("  按回车键返回主菜单！");
getch();
return 0;
}
/*修改学生信息*/
    revise_message()
    { int i=0,choice1;
      int revise_num,flag=0;
      int r=0;
```

```
    char choice2;
    printf("\n          输入要修改的学生的学号:");
    scanf("%d",&revise_num);
    for(i=0;i<sum;i++)
    {
        if(revise_num==s[i].num)
            r=1;
    }
    if(r==0||revise_num==0)
    printf("没有该学生的相关信息");
    do
    {
        for(i=0;i<sum;i++)
         {
                if(s[i].num==revise_num)
         {
printf("\n     你要修改哪一项?\n");
printf("\n           1.学号\n");
printf("\n           2.姓名\n");
printf("\n           3.性别\n");
printf("\n           4.年龄\n");
printf("\n           5.生日\n");
printf("\n           6.家庭住址\n");
printf("\n           7.联系方式\n");
printf("\n           8.高数--英语--大物--总成绩\n");
printf("请选择:");
scanf("%d",&choice1);
switch(choice1)
{
case 1:     printf("\n     输入修改后的学生学号:");
    scanf("%d",&s[i].num);break;
case 2:     printf("\n     输入修改后的学生姓名:");
    scanf("%s",s[i].name);break;
case 3:     printf("\n     输入修改后的学生性别:");
    scanf("%s",s[i].sex);break;
case 4:     printf("\n     输入修改后的学生年龄:");
    scanf("%d",&s[i].age);break;
case 5:     printf("\n     输入修改后的学生生日:");
    scanf("%d%d%d",&s[i].a.year,&s[i].a.month,&s[i].a.day);break;
case 6:     printf("\n     输入修改后的学生家庭住址:");
    scanf("%s",s[i].address);break;
case 7:     printf("\n     输入修改后的联系方式:");
    scanf("%s",s[i].tel);break;
case 8:     printf("\n     输入修改后的高数--英语--大物(成绩 0-100):");
    scanf("%d%d%d",&s[i].c.gao,&s[i].c.ying,&s[i].c.wu);break;
                }
    }
}
printf("\n   要继续吗? (Y/N)");
```

```
        choice2=getch();
        if(choice2=='y'||choice2=='Y')
        {
            printf("\n   继续! \n");
                     flag=1;
        }
        else   flag=0;
  }while(flag==1);
  printf("   按回车键返回主菜单! ");
    getch();
  return 0;
       }
/*更新学生信息模块*/
 renew_message()
       {int  choice;
      do
      {
       printf("\n\n\n**************更新学生信息*****************\n\n");
       printf("                1.添加学生信息\n\n");
       printf("                2.修改学生信息\n\n");
       printf("                0.返回主菜单\n\n");
       printf("                choice(0-2)");
       scanf("%d",&choice);
switch(choice)
 {
       case 1:insert_message();break;
       case 2:revise_message();break;
       case 0:break;
 }
}while(choice!=0);
return 0;
      }
/*按学号查询*/
int inquire_num()
      {//system("cls");
       int  i=0,j,r=0;
       printf("\n       输入要查询的学生的学号:");
        scanf("%d",&j);
        for(i=0;i<sum;i++)
        {
           if(j==s[i].num)
           r=1;
        }
        if(r==0||j==0)
       printf("没有该学生的相关信息");
       for(i=0;i<sum;i++)
       if(j==s[i].num)
        {
          printf("\n  **********学生信息**********\n");
                        MY1;
                        MY2;
                        MY3;
```

```
            MY4;
    }
    getch();
    return 0;
  }
```

/*按姓名查询*/

```
int  inquire_name()
{//system("cls");
   int  i=0,r=0;
    char inquire_name[20];
    printf("\n     输入要查询的学生的姓名:");
    scanf("%s",inquire_name);
    for(i=0;i<sum;i++)
    {
       if(strcmp(s[i].name,inquire_name)==0)
            r=1;
    }
  if(r==0)
   printf("无该学生信息!!! \n");
    for(i=0;i<sum;i++)
   if(strcmp(s[i].name,inquire_name)==0)
    {
   printf("\n   **********学生信息**********\n");
         MY1;
         MY2;
         MY3;
         MY4;
    }
   getch();
    return 0;
}
```

/*查询高数成绩及格的学生*/

```
int  inquire_gao()
{//system("cls");
       int i=0,j=0;
        int x=60;
        printf("\n         ***高数成绩及格的学生的信息***\n");
        for(i=0;i<sum;i++)
        if(s[i].c.gao>=x)
        {
                MY1;
                MY2;
                MY3;
                MY4;
                j++;
        }
       if(j==0)
        printf("无高数成绩及格的学生!!!! \n");
       getch();
       return 0;
}
```

```
/*查询英语成绩及格的学生*/
    int  inquire_ying()
    {//system("cls");
         int i=0,j=0;
          int x=60;
          printf("\n        ***英语成绩及格的学生的信息***\n");
          for(i=0;i<sum;i++)
          if(s[i].c.ying>=x)
          {
                    MY1;
                    MY2;
                    MY3;
                    MY4;
                    j++;
          }
          if(j==0)
          printf("无英语成绩及格的学生!!!! \n");
          getch();
          return 0;
    }
/*查询大学物理成绩及格的学生*/
    int  inquire_wu()
    {//system("cls");
         int i=0,j=0;
         int x=60;
         printf("\n     ***大学物理成绩及格的学生的信息***\n");
         for(i=0;i<sum;i++)
         if(s[i].c.wu>=x)
         {
                  MY1;
                  MY2;
                  MY3;
                  MY4;
                  j++;
         }
         if(j==0)
         printf("无物理成绩及格的学生!!!! \n");
         getch();
         return 0;
    }
/*查询各门成绩及格的学生*/
    int  inquire_jige()
    {//system("cls");
        int  choice;
         do
         {
             printf("\n\n********查询学生信息*********\n\n");
           printf("    1.查询高数成绩及格的学生\n\n");
           printf("    2.查询英语成绩及格的学生\n\n");
           printf("    3.查询大学物理成绩及格的学生\n\n");
           printf("    0.返回主菜单\n\n");
           printf("    choice(0-3)\n\n");
```

```
        scanf("%d",&choice);
        switch(choice)
        {
            case 1: inquire_gao();break;
            case 2: inquire_ying();break;
            case 3: inquire_wu();break;
            case 0: break;
        }
        }while(choice!=0);
        getch();
        return 0;
    }
```

/*查询学生信息模块*/

```
    inquire_message()
    {//system("cls");
        int  choice;
        do
        {
    printf("\n\n\n********查询学生信息*********\n\n");
    printf("            1.按学号查询\n\n");
    printf("            2.按姓名查询\n\n");
    printf("            3.查询各门成绩及格的学生\n\n");
    printf("            0.返回主菜单\n\n");
    printf("            choice(0-3)\n\n");
        scanf("%d",&choice);
        switch(choice)
        {
            case 1: inquire_num();break;
            case 2: inquire_name();break;
            case 3: inquire_jige();break;
            case 0: break;
        }

        }while(choice!=0);
        getch();
        return 0;
    }
```

/*按学号排名*/

```
    int rank_num()
    { //system("cls");
        int i=0,j;
        struct s_message t;
        for(i=0;i<sum-1;i++)
        {
          for(j=i+1;j<sum;j++)
          {
            if(s[i].num>s[j].num)
            {
                t=s[j];
                s[j]=s[i];
                s[i]=t;
            }
```

```
            }
        }
        printf("    从学号小到大排列:\n");
        for(i=0;i<sum;i++)
        {
                MY1;
                MY2;
                MY3;
                MY4;
        }
        getch();
        return 0;
    }
```

/*按成绩排名*/

```
    int rank_score()
    {// system("cls");
        int i=0,j;
        struct s_message t;
        for(i=0;i<sum-1;i++)
        {
           for(j=i+1;j<sum;j++)
            {
               if(s[i].c.total<s[j].c.total)
                {
                    t=s[j];
                    s[j]=s[i];
                    s[i]=t;
                }
            }
        }
        printf("    从成绩高到低排列:\n");
        for(i=0;i<sum;i++)
        {
              MY1;
              MY2;
              MY3;
              MY4;
        }
        getch();
        return 0;
    }
```

/*学生排名信息模块*/

```
    int rank_message()
    { // system("cls");
        int choice;
        do
        {
           printf("\n\n\n***********排名信息************\n\n");
           printf("        1.按学号排名\n\n");
           printf("        2.按成绩排名\n\n");
           printf("        0.返回主菜单\n\n");
           printf("        choice(0-2)");
           scanf("%d",&choice);
```

```
            switch(choice)
            {
                  case 1:rank_num();break;
                  case 2:rank_score();break;
                  case 0:break;
            }
        }while(choice!=0);
        return 0;
    }
```

/*统计男女学生的信息*/

```
    int  count_nn()
    {   int i=0,j=0;
        char k[5];
        printf("\n       输入要统计的学生的性别:");
        scanf("%s",k);
        printf("\n******   %s 的学生的信息     ********\n",k);
        for(i=0;i<sum;i++)
        {
            if(strcmp(s[i].sex,k)==0)
            {
                    MY1;
                    MY2;
                    MY3;
                    MY4;
                    j++;
            }
        }
        printf("统计%s 的人数是:%d",k,j);
        getch();
        return 0;
    }
```

/*按学号删除*/

```
    int  del_num()
    {
        int i=0,m=0,k=0,flag;
        char choice;
        char de_num;
        do
        {
            printf("\n    输入要删除的学生的学号:");
            scanf("%d",&de_num);
            for(i=0;i<sum;i++)
            {
                if(s[i].num!=de_num);
            else break;
                }
            for(i=0;i<sum;i++)
            {
                if(s[i].num==de_num)
                {
                        m=i;
                    for(i=m+1;i<sum;i++)
                    s[i-1]=s[i];
```

```
            }
        }
        sum--;
        printf("\n  此学生的信息已被删除**********\n");
    printf("\n  要继续删除吗? (Y/N)");
        choice=getch();
        if(choice=='y'||choice=='Y')
        {
            printf("\n  继续! \n");
                k++;
                flag=1;
        }
    else   flag=0;
    }while(flag==1);
    printf("  按任意键返回主菜单! ");
    getch();
    return 0;
}
```

/*按姓名删除*/

```
int  del_name()
{
    int i=0,m=0,k=0,flag;
        char choice;
        char de_name[20];
        do
        {
            printf("\n    输入要删除的学生的姓名:");
            scanf("%s",&de_name);
            for(i=0;i<sum;i++)
            {
                if(strcmp(s[i].name,de_name)!=0);
                                    else break;
            }
            for(i=0;i<sum;i++)
            {
                if(strcmp(s[i].name,de_name)==0)
                {
                    m=i;
                    for(i=m+1;i<sum;i++)
                    s[i-1]=s[i];
                }
            }
            sum=sum-1;
            printf("\n  此学生的信息已被删除**********\n");
        printf("\n  要继续删除吗? (Y/N)");
            choice=getch();
            if(choice=='y'||choice=='Y')
            {
                printf("\n  继续! \n");
                    k++;
                    flag=1;
            }
        else   flag=0;
```

```
            }while(flag==1);
            printf("  按任意键返回主菜单! ");
            getch();
            return 0;
        }
/*删除学生信息模块*/
        del_message()
        {
            int choice;
                do
                {
                    printf("\n\n\n*****删除学生信息*****\n\n");
                    printf("        1.按学号删除\n\n");
                    printf("        2.按姓名删除\n\n");
                    printf("        0.返回主菜单\n\n");
                    printf("        choice(0-2)");
                    scanf("%d",&choice);
                switch(choice)
                {
                    case 1:del_num();break;
                    case 2:del_name();break;
                    case 0:break;
                }

              }while(choice!=0);
                getchar();
                return 0;
        }
/*主函数*/
void main()
{
int choice,m;
char a[4]="110";
char b[4];sum=read_message();
printf("\n\n\n**************请您输入密码******************\n");
printf("密码:");
for(m=0;m<3;m++)
  { b[m]=getch();
    printf("*");
  }
b[3]='\0';
getch();
if(strcmp(a,b)==0)
{
   do
  { printf("\n\n***********************************************************\n");
    printf("\n\n********密码输入成功,欢迎您进入学生信息管理系统***********\n\n");
printf("***********************************************************\n");
              printf("       1.录入学生信息\n\n");
              printf("       2.输出学生信息\n\n");
              printf("       3.更新学生信息\n\n");
              printf("       4.查询学生信息\n\n");
```

```
            printf("        5.学生排名信息\n\n");
            printf("        6.统计学生信息\n\n");
             printf("        7.删除学生信息\n\n");
             printf("        0.退出系统\n\n");
            printf("        请选择(0-7):");
            scanf("%d",&choice);
            switch(choice)
                {
                  case 1:    putin_message();save_message(sum);break;
                  case 2:    putout_message();break;
                  case 3:    renew_message();break;
                  case 4:    inquire_message();break;
                  case 5:    rank_message();break;
                  case 6:    count_nn();break;
                  case 7:    del_message();break;
                  case 0:    break;
                }
       }while(choice!=0);
     save_message(sum);
     printf("学籍信息被保存! --(s.txt)\n");
}
}
```

习　题

一、选择题

1. 以下可作为函数 fopen( )中第 1 个参数的正确格式是（　　）。

   A. "c:\myfile\1.text"　　　　B. "c:\myfile\1.txt

   C. "c:\myfile\1"　　　　D. "c:\\myfile\\1.txt"

2. 为写而打开文本 my.dat 的正确写法是（　　）。

   A. fopen("my.dat","rb")　　　　B. fp=fopen("my.dat","r")

   C. fopen("my.dat","wb")　　　　D. fp=fopen("my.dat","w")

3. 若执行 fopen 函数时发生错误，则函数的返回值是（　　）。

   A. 地址值　　B. 0　　C. 1　　D. NULL

4. 已知函数的调用形式为 fread(buffer,size,count,fp)，其中 buffer 代表的是（　　）。

   A. 一个整型变量，代表要读入的数据项总数

   B. 一个文件指针，指向要读的文件

   C. 一个指针，指向要读入数据的存放地址

   D. 一个存储区，存放要读的数据项

5. 设有以下结构体类型（　　）。

```
struct student
{
    char name[10];
    float score[5];
}stu[20];
```

并且结构体数组 stu 中的元素都已有值，若要将这些元素写到硬盘文件 fp 中，以下不正确的形式是（　　）。

A. fwrite(stu,sizeof(stuct student),20,fp)

B. fwrite(stu,20*sizeof(stuct student),1,fp)

C. fwrite(stu,20*sizeof(stuct student),2,fp)

D. for(i=0;i<20;i++)　fwrite(stu+i,sizeof(stuct student),1,fp)

二、填空题

1. 下面程序用于从键盘输入一个以'?'为结束标志的字符串，将它存入指定的文件 my.txt 中。

```
#include <stdio.h>
main ( )
{
    FILE *fp;
    char ch;
    if ((____【1】____)==NULL)
    {
        printf("不能打开文件\n");
        exit(0);
    }
    ch=getchar( );
    while(____【2】____)
    {
        fputc(ch,fp);
        ____【3】____;
    }
    fclose(fp);
}
```

2. 下面的程序实现统计 C 盘根目录下的 my.txt 文件中字符的个数。

```
#include <stdio.h>
main ( )
{
    FILE *fp;
    char ch;
    long num=0;
    if(____【4】____)
    {
        printf("Cant't open file!\n");
        exit(0);
    }
    while(____【5】____)
    {
        fgetc(fp);
        ____【6】____;
    }
    printf("%ld",num);
    fclose(fp);
}
```

3. 下面程序把从终端读入的 10 个整数以二进制方式写到一个名为 bi.dat 的新文件中。

```
#include<stdio.h>
FILE *fp;
```

```
main( )
{
    int i,j;
    if((fp=fopen(    【7】    ,"wb"))==NULL)
        exit(0);
    for(i=0;i<10;i++)
    {
        scanf("%d",&j);
        fwrite(&j,sizeof(int),1,    【8】    );
    }
    fclose(fp);
}
```

三、编程题

1. 编程打开一个文本文件 temp.txt，将其全部内容显示在屏幕上。

2. 从键盘输入一些字符，逐个把它们送到磁盘上去，直到输入一个#为止。

3. 从键盘输入一个字符串，将小写字母全部转换成大写字母，然后输出到一个磁盘文件“test”中保存。输入的字符串以！结束。

4. 有 5 个学生，每个学生有 3 门课的成绩，从键盘输入以上数据（包括学生号、姓名和 3 门课成绩），计算出平均成绩，将原有的数据和计算出的平均分数存放在磁盘文件“stud”中。

附录 1
常用字符与 ASCII 值对照表

附表 1.1　　　　　　　　　　常用字符与 ASCII 值对照表

<table>
<tr><th>ASCII 值</th><th>字符[控制字符]</th><th>ASCII 值</th><th>字符</th><th>ASCII 值</th><th>字符</th><th>ASCII 值</th><th>字符</th></tr>
<tr><td>000</td><td>(blank) [NUL]</td><td>032</td><td>(space)</td><td>064</td><td>@</td><td>096</td><td>`</td></tr>
<tr><td>001</td><td>☺ [SOH]</td><td>033</td><td>!</td><td>065</td><td>A</td><td>097</td><td>a</td></tr>
<tr><td>002</td><td>☻ [STX]</td><td>034</td><td>"</td><td>066</td><td>B</td><td>098</td><td>b</td></tr>
<tr><td>003</td><td>♥ [ETX]</td><td>035</td><td>#</td><td>067</td><td>C</td><td>099</td><td>c</td></tr>
<tr><td>004</td><td>♦ [EOT]</td><td>036</td><td>$</td><td>068</td><td>D</td><td>100</td><td>d</td></tr>
<tr><td>005</td><td>♣ [END]</td><td>037</td><td>%</td><td>069</td><td>E</td><td>101</td><td>e</td></tr>
<tr><td>006</td><td>♠ [ACK]</td><td>038</td><td>&</td><td>070</td><td>F</td><td>102</td><td>f</td></tr>
<tr><td>007</td><td>(beep) [BEL]</td><td>039</td><td>'</td><td>071</td><td>G</td><td>103</td><td>g</td></tr>
<tr><td>008</td><td>◘ [BS]</td><td>040</td><td>(</td><td>072</td><td>H</td><td>104</td><td>h</td></tr>
<tr><td>009</td><td>(tab) [HY]</td><td>041</td><td>)</td><td>073</td><td>I</td><td>105</td><td>i</td></tr>
<tr><td>010</td><td>(line feed) [LF]</td><td>042</td><td>*</td><td>074</td><td>J</td><td>106</td><td>j</td></tr>
<tr><td>011</td><td>♂ [VT]</td><td>043</td><td>+</td><td>075</td><td>K</td><td>107</td><td>k</td></tr>
<tr><td>012</td><td>♀ [FF]</td><td>044</td><td>,</td><td>076</td><td>L</td><td>108</td><td>l</td></tr>
<tr><td>013</td><td>(carrige return) [CR]</td><td>045</td><td>-</td><td>077</td><td>M</td><td>109</td><td>m</td></tr>
<tr><td>014</td><td>♫ [SO]</td><td>046</td><td>.</td><td>078</td><td>N</td><td>110</td><td>n</td></tr>
<tr><td>015</td><td>☼ [SI]</td><td>047</td><td>/</td><td>079</td><td>O</td><td>111</td><td>o</td></tr>
<tr><td>016</td><td>► [DLE]</td><td>048</td><td>0</td><td>080</td><td>P</td><td>112</td><td>p</td></tr>
<tr><td>017</td><td>◄ [DC1]</td><td>049</td><td>1</td><td>081</td><td>Q</td><td>113</td><td>q</td></tr>
<tr><td>018</td><td>↕ [DC2]</td><td>050</td><td>2</td><td>082</td><td>R</td><td>114</td><td>r</td></tr>
<tr><td>019</td><td>‼ [DC3]</td><td>051</td><td>3</td><td>083</td><td>S</td><td>115</td><td>s</td></tr>
<tr><td>020</td><td>¶ [DC4]</td><td>052</td><td>4</td><td>084</td><td>T</td><td>116</td><td>t</td></tr>
<tr><td>021</td><td>§ [NAK]</td><td>053</td><td>5</td><td>085</td><td>U</td><td>117</td><td>u</td></tr>
<tr><td>022</td><td>— [SYN]</td><td>054</td><td>6</td><td>086</td><td>V</td><td>118</td><td>v</td></tr>
<tr><td>023</td><td>↨ [ETB]</td><td>055</td><td>7</td><td>087</td><td>W</td><td>119</td><td>w</td></tr>
<tr><td>024</td><td>↑ [CAN]</td><td>056</td><td>8</td><td>088</td><td>X</td><td>120</td><td>x</td></tr>
<tr><td>025</td><td>↓ [EM]</td><td>057</td><td>9</td><td>089</td><td>Y</td><td>121</td><td>y</td></tr>
<tr><td>026</td><td>→ [SUB]</td><td>058</td><td>:</td><td>090</td><td>Z</td><td>122</td><td>z</td></tr>
<tr><td>027</td><td>← [ESC]</td><td>059</td><td>;</td><td>091</td><td>[</td><td>123</td><td>{</td></tr>
<tr><td>028</td><td>∟ [FS]</td><td>060</td><td><</td><td>092</td><td>\</td><td>124</td><td>|</td></tr>
<tr><td>029</td><td>↔ [GS]</td><td>061</td><td>=</td><td>093</td><td>]</td><td>125</td><td>}</td></tr>
<tr><td>030</td><td>▲ [RS]</td><td>062</td><td>></td><td>094</td><td>^</td><td>126</td><td>～</td></tr>
<tr><td>031</td><td>▼ [US]</td><td>063</td><td>?</td><td>095</td><td>_</td><td>127</td><td>⌂</td></tr>
</table>

注意　“控制字符”用方括号“[ ]”列出了它所代表的符号，通常用于控制或通信。

附录 2
C 语言保留字一览表

附表 2.1　　　　C 语言保留字一览表

auto	break	case	char	const	continue	default	do
double	else	enum	extern	float	for	goto	if
int	long	register	return	short	signed	sizeof	static
struct	switch	typedef	union	unsigned	void	volatile	while

附录 3 运算符的优先级及其结合性

附表 3.1　　　　运算符的优先级及其结合性

优先级	运算符	名称	结合方向
1	() [] -> .	圆括号 下标运算符 指向结构成员运算符 结构成员运算符	自左至右
2	!	逻辑非运算符	自右至左
	~	按位取反运算符	
	++	增 1 运算符	
	--	减 1 运算符	
	-	负号运算符	
	(类型)	类型转换运算符	
	*	间接访问运算符	
	&	取地址运算符	
	sizeof	长度运算符	
3	* / %	乘法运算符 除法运算符 取模运算符	自左至右
4	+ -	加法运算符 减法运算符	自左至右
5	<< >>	左移运算符 右移运算符	自左至右
6	< <= > >=	关系运算符	自左至右
7	== !=	等于运算符 不等于运算符	自左至右
8	&	按位与运算符	自左至右
9	^	按位异或运算符	自左至右
10	|	按位或运算符	自左至右
11	&&	逻辑与运算符	自左至右
12	||	逻辑或运算符	自左至右

续表

优先级	运算符	名称	结合方向
13	?:	条件运算符	自右至左
14	= += -= *= /= %= <<= >>= &= ^= |=	赋值运算符	自右至左
15	,	逗号运算符	自左至右

附录 4 常用 C 库函数

1. 数学函数

凡是使用数学函数的程序，都要包含头文件“math.h”，如附表 4.1 所示。

附表 4.1 数学函数

函数原型	功能	返回值
int abs(int x)	求整数 x 的绝对值	计算结果
double acos(double x)	计算 $\cos^{-1}(x)$的值 $-1\leqslant x\leqslant 1$	计算结果
double asin(double x)	计算 $\sin^{-1}(x)$的值 $-1\leqslant x\leqslant 1$	计算结果
double atan(double x)	计算 $\tan^{-1}(x)$的值	计算结果
double atan2(double y, double x)	计算 $\tan^{-1}(x/y)$的值	计算结果
double ceil(double x)	求不小于 x 的最小整数	该整数的双精度浮点数
double cos(double x)	计算 cos(x)的值	计算结果
double cosh(double x)	计算 x 的双曲余弦函数 cosh(x)的值	计算结果
double exp(double x)	计算 e^x 的值	计算结果
double fabs(double x)	计算浮点数 x 的绝对值	计算结果
double floor(double x)	求不大于 x 的最大整数	该整数的双精度浮点数
double frexp(double val, int *eptr)	把双精度数 val 分解为数字部分（尾数）x 和以 2 为底的指数 n，即 $val=x*2^n$，n 存放到 eptr 指向的变量中	返回数字部分 x，$0.5\leqslant x<1$
long labs(long x)	计算长整型数 x 的绝对值	计算结果
double log(double x)	计算 x 的自然对数 $\log_e x$，即 lnx	计算结果
double log10(double x)	计算 x 的常用对数 $\log_{10}x$	计算结果
double modf(double val, double *iptr)	把双精度数 val 分解为整数部分和小数部分，把整数部分存到 iptr 指向的单元	val 的小数部分
double pow(double x, double y)	计算 x^y 的值	计算结果
double pow10(int p)	计算 10 的 p 次方	计算结果
double sin(double x)	计算 sin(x)的值	计算结果
double sinh(double x)	计算 x 的双曲正弦函数 sinh(x)的值	计算结果

续表

函数原型	功能	返回值
double sqrt(double x)	计算 x 的平方根，x 应≥0	计算结果
double tan(double x)	计算 tan(x)的值	计算结果
double tanh(double x)	计算 x 的双曲正切函数 tanh(x)的值	计算结果

2. 输入输出函数

凡用以下的输入输出函数，应该使用#include <stdio.h>把 stdio.h 头文件包含到源程序文件中，如附表 4.2 所示。

附表 4.2　　输入输出函数

函数原型	功能	返回值
void clearerr(FILE *fp);	清除 fp 指向的文件的错误标志，同时清除文件结束指示器	无
int close(int fd)	关闭文件	关闭成功，返回 0，否则返回-1
int creat(char *filename, int mode)	以 mode 所指定的方式建立文件，文件名为 filename	成功则返回正值，否则返回-1
int eof(int fd)	判断是否处于文件结束	遇到文件结束返回 1，否则返回 0 值
int fclose(FILE *fp)	关闭 fp 所指的文件，释放文件缓冲区	关闭成功返回 0，否则返回非 0 值
int feof(FILE *fp)	检查文件是否结束	遇文件结束符返回非 0 值，否则返回 0
int ferror(FILE *fp)	测试 fp 所指向的文件是否有错	无错返回 0，有错返回非 0 值
int fgetc(FILE *fp)	从 fp 所指向的文件中读取下一个字符	返回所得到的字符，若读入出错返回 EOF
char * fgets(char *s, int n, FILE *fp)	从 fp 指向的文件读取一个长度为 n-1 的字符串，存入起始地址为 buf 的空间	成功，返回地址 buf，若遇文件结束或出错，返回 NULL
FILE * fopen(char *filename, char *mode)	以 mode 指定的方式打开名为 filename 的文件	成功，返回一个文件指针（文件信息区的起始地址），否则返回 0
int fprintf(FILE *fp, char *format[, args,…])	把 args 的值以 format 指定的格式输出到 fp 所指定的文件中	实际输出的字符数
int fputc(int c, FILE *fp)	把字符 ch 输出到 fp 指向的文件中	成功，则返回该字符，否则返回 EOF
int fputs(char *str, FILE *fp)	将 str 指向的字符串输出到 fp 所指定的文件中	成功，返回 0，若出错返回非 0 值
int fread(void *ptr, unsigned size, unsigned n, FILE *fp)	从 fp 所指定的文件中读取长度为 size 的 n 个数据项，存到 ptr 所指定的文件	返回所读的数据项个数，如遇文件结束或出错返回 0
int fscanf(FILE *fp, char *format, args,…)	从 fp 指定的文件中按 format 给定的格式将输入数据送到 args 所指向的内存单元（args 是指针）	已输入的数据个数
int fseek(FILE *fp, long offset, int base)	将 fp 所指向的文件的位置指针移到以 base 所指出的位置为基准，以 offset 为位移量的位置	返回当前位置，否则，返回-1

续表

函数原型	功能	返回值
long ftell(FILE *fp)	返回 fp 所指向的文件中的读写位置	返回 fp 所指文件中的读写位置
int fwrite(char *ptr, unsigned size, unsigned n, FILE *fp)	把 ptr 所指向的 n*size 个字节输出到 fp 所指向的文件中	写到 fp 文件中的数据项的个数
int getc(FILE *fp)	从 fp 所指向的文件中读入一个字符	返回所读的字符，若文件结束或出错，返回 EOF
int getchar(void)	从标准输入输出设备读取下一个字符	返回所读字符，若文件结束或出错，则返回–1
char * gets(char *str)	从标准输入设备读取字符串并把它们放入由 str 指向的字符	成功，返回 str；否则返回 NULL
int getw(FILE *fp)	从 fp 所指向的文件读取下一个整数	返回输入的整数，如文件结束或出错，返回–1
int open(char *filename,int mode)	以 mode 指出的方式，打开已存在的，名为 filename 的文件	成功，返回文件号（正数），否则返回–1
int printf(char *format[, args,…])	按 format 指向的格式字符串所规定的格式，将输出表列 args 的值输出到标准输出设备	输出字符的个数，若出错，返回负数
int putc(int ch, FILE *fp)	把一个字符 ch 输出到 fp 所指的文件	输出的字符 ch，若出错，返回 EOF
int putchar(int ch)	把字符 ch 输出到标准输出设备	输出的字符 ch，若出错，返回 EOF
int puts(char *str)	把 str 指向的字符串输出到标准输出设备，将'\0'转换为回车换行	成功，返回换行符；若失败，返回 EOF
int putw(int w, FILE *fp)	将一个整数 w（即一个字）写到 fp 指向的文件中	返回输出的整数，若出错，返回 EOF
int rename(char *oldname, char *newname)	把由 oldname 所指的文件名，改为由 newname 所指的文件名	成功，返回 0；出错返回–1
void rewind(FILE *fp)	将 fp 指示的文件中的位置指针置于文件开头位置，并清除文件结束标志和错误标志	无
int scanf(char *format [,args,…])	从标准输入设备按 format 指向的格式字符串所规定的格式，输入数据给 args 所指向的单元（args 为指针）	读入并赋给 args 的数据个数。遇文件结束返回 EOF，出错返回 0
int write(int fd, char *buf, unsigned count)	从 buf 指示的缓冲区输出 count 个字符到 fd 所标志的文件中	返回实际输出的字节数，如出错返回–1

3. 字符函数

任何使用字符函数的程序均应包含头文件“ctype.h”，如附表 4.3 所示。

附表 4.3　字符函数

函数原型	功能	返回值
int isalnum(int ch)	检查 ch 是否是字母或数字	是字母或数字返回 1；否则，返回 0
int isalpha(int ch)	检查 ch 是否是字母	是字母返回 1；否则，返回 0
int iscntrl(int ch)	检查 ch 是否是控制字符（其 ASCII 码在 0 和 0xlF 之间）	是控制字符返回非零值；否则，返回 0

续表

函数原型	功能	返回值
int isdigit(int ch)	检查 ch 是否是数字（0~9）	是，数字返回 1；否则，返回 0
int isgraph(int ch)	检查 ch 是否是可打印字符（其 ASCII 码是在 0x21～0x7E 之间），不包括空格	是，小写字母返回 1；否则，返回 0
int islower(int ch)	检查 ch 是否是小写字母（a～z）	是，小写字母返回 1；否则，返回 0
int isprint(int ch)	检查 ch 是否是可打印字符（不包括空格），其 ASCII 码在 0x20～0x7E 之间	是，返回 1；否则，返回 0
int ispunct(int ch)	检查 ch 是否为标点字符（不包括空格），即除字母、数字和空格以外的所有可打印字符	是，返回 1；否则，返回 0
int isspace(int ch)	检查 ch 是否为空格、跳格符（制表符）或换行符	是，返回 1；否则，返回 0
int isupper(int ch)	检查 ch 是否是大写字母（A～Z）	是，返回 1；否则，返回 0
int isxdigit(int ch)	检查ch是否是一个十六进制数字(即0～9,或A～F，或 a～f)	是，返回 1；否则，返回 0
int tolower(int ch)	将 ch 字符转换为小写字母	返回 ch 所代表的字符的小写字母
int toupper(int ch)	将 ch 字符转换为大写字母	返回 ch 所代表的字符的大写字母

4. 字符串函数

任何使用字符串函数的程序均应包含头文件“string.h”，如附表 4.4 所示。

附表 4.4 字符串函数

函数原型	功能	返回值
void * memchr(void *buf, int ch, unsigned int count)	在 buf 的头 count 个字符里搜索 ch 的第一次出现的位置	返回指向 buf 中 ch 第一次出现的位置的指针；如果没有发现 ch，返回 NULL
int memcmp(void *buf1, void *buf2, unsigned int count)	按字典顺序比较由 buf1 和 buf2 指向的数组的头 count 个字符	buf1 小于 buf2，返回小于 0 的整数；buf1 等于 buf2，返回 0；buf1 大于 buf2，返回大于 0 的整数
void * memcpy(void *to, void *from, unsigned int count)	把 from 指向的数组中的 count 个字符拷贝到 to 指向的数组中	返回指向 to 的指针
void * memmove(void *to, void *from, unsigned int count)	从 from 指向的数组中把 count 个字符移动到由 to 指向的数组中	返回指向 to 的指针
void * memset(void *buf, int ch, unsigned int count)	把 ch 的低字节拷贝到 buf 所指向的数组的最先 count 个字符中	返回 buf
char * strcat(char *str1, char *str2)	把字符串 str2 接到 str1 后面，str1 最后面的"\0"被覆盖	返回 str1
char * strchr(char *str, int ch)	找出 str 指向的字符串中第一次出现字符 ch 的位置	返回指向该位置的指针；若找不到，则返回 NULL
int strcmp(char *str1, char *str2)	比较两个字符串 str1、str2	str1>str2，返回正数；str1=str2，返回 0；str1<str2，返回负数
char * strcpy(char *str1, char *str2)	把 str2 指向的字符串拷贝到 str1 中去	返回 str1

续表

函数原型	功能	返回值
unsigned int strlen(char *str)	统计字符串 str 中字符的个数（不包括终止符'\0'）	返回字符个数
unsigned int strspn(char *str1, char *str2)	确定 str1 中出现属于 str2 的第一个字符下标	返回下标值
char strncat(char *str1, char *str2, unsigned int count)	把 str2 指向的字符串中最多 count 个字符连到 str1 后面并用 NULL 结尾	返回 str1
int strncmp(char *str1, char *str2, unsigned int count)	比较两个字符串 str1、str2 中最多 count 个字符	str1>str2，返回正数；str1=str2，返回 0；str1<str2，返回负数
char * strncpy(char *str1, char *str2, unsigned int count)	把 str2 中最多 count 个字符拷贝到 str1 中去	返回 str1
char * strpbrk(char *str1, char *str2)	确定 str1 中第一个与 str2 中任何一个字符相匹配的字符的指针位置	返回 str1 中第一个与 str2 中任何一个字符相匹配的字符的指针。如果不存在匹配，返回 NULL
size_t strspn(char *str1, char *str2)	确定 str1 中出现的属于 str2 的第一个字符的下标	返回 str1 中出现的属于 str2 的第一个字符的下标
char * strstr(char *str1, char *str2)	寻找 str2 指向的字符串在 str1 指向的字符串 1 首次出现的位置	子串首次出现的地址，如果在 str1 指向的字符串中不存在该子串，则返回空指针 NULL

5. 动态存储分配函数

ANSI　C 标准中规定动态存储分配系统所需的头文件是“stdlib.h”，不过目前很多 C 编译器都把这些信息放在“malloc.h”头文件中，如附表 4.5 所示。

附表 4.5　　动态存储分配函数

函数原型	功能	返回值
void *calloc(unsigned n, unsigned size)	为数组分配内存空间，内存量为 n*size	返回分配内存的首地址；如不成功，则返回 NULL
void free(void *p)	释放 p 所指的内存空间	无
void *malloc(unsigned size)	分配 size 字节的存储区	返回分配内存的首地址；如不成功，则返回 NULL
void *realloc(void *p,unsigned size)	将 p 所指出的已分配内存区的大小改为 size，size 可以比原来分配的空间大或小	返回指向该内存区的指针

6. 时间函数

当需要使用系统的时间和日期的函数时，需要头文件“time.h”，如附表 4.6 所示。其中定义了 3 个类型：类型 clock_t 和 time_t 用来表示系统的时间和日期，结构类型 tm 把日期和时间分解成为它的成员。tm 结构的定义如下：

```
struct    tm
{
    int     tm_sec;
    int     tm_min;
    int     tm_hour;
```

```
    int     tm_mday;
    int     tm_mon;
    int     tm_year;
    int     tm_wday;
    int     tm_yday;
    int     tm_isdst;
};
```

附表 4.6　　时间函数

函数原型	功能	返回值
char * asctime(struct tm *p);	将日期和时间转换成 ASCII 字符串	返回一个指向字符串的指针
clock_t clock(void);	确定程序运行到现在所花费的时间	返回程序开始到函数被调用所花费的时间；失败则返回-1
char * ctime(time_t *time);	把日期和时间转换为对应的字符串	返回指向该字符串的指针
double difftime(time_t time2, time_t time1);	计算两个时刻之间的时间差	返回所差的秒数
struct tm *gmtime(time_t *timer);	把日期和时间转换为格林威治标准时间	返回指向结构体 tm 的指针
time_t time(time_t *timer);	取时间	返回系统的当前时间

7. 其他函数

这里列出的函数都是标准库函数，使用这些函数要包含头文件“stdlib.h”，如附表 4.7 所示。

附表 4.7　　其他函数

函数原型	功能	返回值
void abort( )	立刻结束程序运行，不清理任何文件缓冲区	无
double atof(char *str)	把 str 指向的字符串转换成一个 double 值	转换结果
int atoi(char *str)	将 ASCII 字符串转换成 int 型数	转换结果
long atol(char *str)	将 ASCII 字符串转换成 long 型数	转换结果
char *itoa(int num,char *str,int radix)	把 int 型数转换成对应的字符串，并把结果放在 str 指向的字符串中，数字的进制数由 radix 确定	返回指向 str 的指针
char *ltoa(long num,char *str,int radix)	把 long 型数转换成对应的字符串，并把结果放在 str 指向的字符串中，数字的进制数由 radix 确定	返回指向 str 的指针
long int strtol(char *start, char **end,int radix)	把字符串转换成对应的 long int 型数，直到串中出现不能转换的字符为止，剩余的字符串赋给指针 end，数字的进制数由 radix 确定	返回转换结果。若未进行转换，返回 0；若发生转换错误，则返回 LONG_MAX 或 LONG_MIN，表示上溢出或下溢出
unsigned long int strtoul(char *start,char **end,int radix)	把字符串转换成对应的 unsigned long int 型数，直到串中出现不能转换的字符为止，剩余的字符串赋给指针 end，数字的进制数由 radix 确定	返回转换结果。若未进行转换，返回 0；若发生转换错误，则返回 LONG_MAX 或 LONG_MIN，表示上溢出或下溢出
double strtod(char *start, char **end)	把存储在 start 指向的数字字符串转换成 double，直到出现不能转换成浮点数的字符为止，剩余的字符串赋给指针 end	返回转换结果。若未进行转换，返回 0；若发生转换错误，则返回 HUGE_VAL 或-HUGE_VAL，表示上溢出或下溢出

续表

函数原型	功能	返回值
void exit(int status)	使程序立刻正常地终止。status 的值传给调用过程	无
int rand( )	产生一系列伪随机数	返回 0 到 RAND_MAX 之间的整数。RAND_MAX 是返回的最大可能值，在头文件中定义
int system(char *str)	把 str 指向的字符串作为一个命令传送到操作系统的命令处理器中	依赖于不同的编译版本。通常，命令被成功地执行，返回 0；否则返回一个非零值
void srand(unsigned int seed)	初始化随机数发生器	无

参考文献

[1] 杨路明. C语言程序设计教程（第三版）. 北京：北京邮电大学出版社，2015.

[2] 杨路明. C语言程序设计上机指导与习题选解（第三版）. 北京：北京邮电大学出版社，2015.

[3] 王曙燕. C语言程序设计教程. 北京：人民邮电出版社. 2014.

[4] 安俊秀. C语言程序设计（第3版）. 北京. 人民邮电出版社. 2014.9.

[5] 董妍汝，安俊秀. C语言趣味实验. 北京. 人民邮电出版社. 2014.9.

[6] 陈学进，王小林. C语言程序设计. 北京. 人民邮电出版社. 2014.2.

[7] 冯林. C语言程序设计教程. 北京：高等教育出版社，2015.

[8] 贾宗璞，许合利. C语言程序设计. 北京：人民邮电出版社，2014.

[9] 教育部考试中心. 全国计算机等级考试大纲（2016版）. 北京：高等教育出版社，2016.

[10] 谭浩强. C程序设计（第二版）. 北京：清华大学出版社，2001.

[11] 谭浩强. C程序设计题解与上机指导（第二版）. 北京：清华大学出版社，2001.

[12] 李春葆. C语言与习题解答. 北京：清华大学出版社，2002.

[13] 李丽娟. C程序设计基础教程. 北京：北京邮电大学出版社，2002.

[14] 李丽娟. C程序设计上机指导与习题选解. 北京：北京邮电大学出版社，2002.

[15] 教育部考试中心. 全国计算机等级考试大纲（2002版）. 北京：高等教育出版社，2002.

[16] 高福成，潘旭华，李军. C语言程序设计（二级）（重点与难点、例题解析、上机指导、模拟试题）. 北京：电子工业出版社，2002.8.